비인지 능력의 힘

10DAINO NOTO UMAKUTSUKIAU

HININCHI NORYOKU NO DAIJINA YAKUWARI

by Yusuke Moriguchi

비인지능력의 힘

혼들리지 않는 최상위권 아이들의 비밀

모리구치 유스케 지음
오시연 옮김

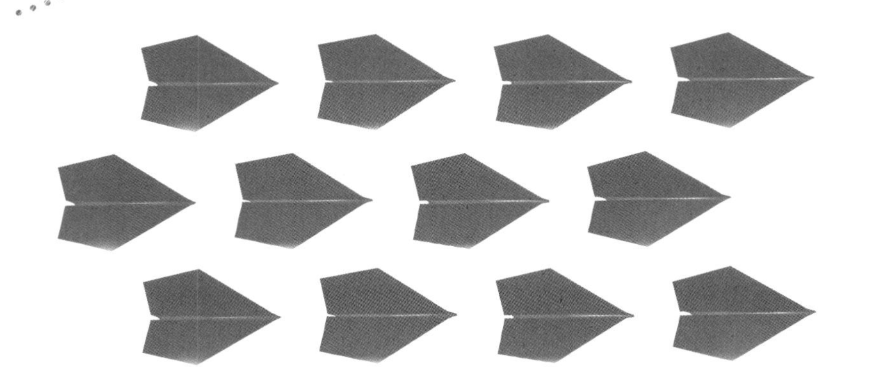

길벗

들어가며

아이가 잘 사는 어른으로 성장하기를 바란다면

이 책은 십 대 아이들과 그들의 가족, 교육 관계자를 위해 집필했습니다. 특히 십 대 아이들을 돌보고 이끌어야 할 부모님이 이 책을 펼쳤으면 좋겠습니다.

심리학에서는 십 대를 '청소년기'라고 부릅니다. 천진난만한 초등 저학년과 달리 초등 고학년부터는 몸과 마음, 즉 신체와 뇌가 눈에 띄게 변화하기 시작함으로써, 어른스러운 몸과 사고방식을 갖추기 시작합니다. 인간의 일생에서 매우 중요한 시기입니다. 이 시기에 어떤 사고를 갖추고 무엇에 열중하느냐에 따라 이후 삶의 방향성이 크게 좌우되기 때문입니다.

사람마다 인생의 목표는 조금씩 다르지만, 행복한 삶은 성별, 나이, 국적과 관계없이 거의 모든 사람이 손에 꼽는 인생 목표입니다.

행복이란 무엇일까요? 행복은 자세히 들여다보면 측정하기 모호한 심리 상태이지만, 많은 사람이 원하는 만큼 오랜 연구가 이뤄지고 있는 주제입니다. 심리학이 밝혀낸 개인의 행복을 좌우하는 몇 가지 요인이 있습니다. 그중 하나는 인간관계입니다. 사회적으로 좋은 관계를 맺고 있는지, 가족과 좋은 관계를 형성하고 있는지, 의지할 만한 친구가 있는지, 지역사회와 원만하게 소통하고 있는지 같은 사회적 관계를 묻는 질문은 행복을 측정할 때 빠지지 않는 질문입니다.

일 역시 행복 지수를 결정하는 중요한 요인입니다. 직업에 따라 다르지만 회사원들은 대략 하루 8시간 일합니다. 깨어 있는 시간 중 절반가량을 일하며 보내기 때문에, 내가 하고 있는 일을 즐기고 있는지, 보람을 느끼는지가 행복 지수에 직접적으로 영향을 줍니다.

경제 상황과 건강도 행복을 좌우하는 주요 요인입니다. 부자라 해서 모두가 행복한 것은 아니지만, 경제 여건과 행복 지수는 연관이 있는 요인입니다. 한편 경제적으로 아무리 풍요롭다 한들 몸과 마음이 건강하지 않다면, 행복을 느끼지 못합니다.

잘 살기 위한 능력, 지능?

행복한 삶을 살기 위해 청소년기에는 어떠한 능력이 필요할까요? 우선 지능을 떠올릴 수 있습니다. 이 시기 대부분의 아이에게는 공부가 가장 중요한 과업이기 때문입니다. 고등학생의 경우, 아침부터 저녁까지 학교에 있거나 기숙사 생활을 하기도 합니다. 친구들과 학교 시험이나 입시에 대한 이야기를 나누기도 하고, 공부를 잘하는 아이는 '머리 좋은 사람'으로 여겨집니다.

공부를 잘하는 아이는 좋은 학교에 진학할 가능성이 크고, 대기업에 취업하거나, 의사, 변호사, 회계사 같은 전문직에 종사할 가능성도 꽤 큽니다. 다시 말해 직업 선택의 폭이 넓고 경제적으로도 풍요로울 가능성이 크기에 행복의 요인을 충족하기 쉽습니다.

그러나 사회에 나가 보면 학창 시절에 공부를 잘하던 사람이 반드시 성공적인 삶을 사는 것은 아니란 것을 잘 알고 있습니다. 명문대를 졸업했지만 직장에서 사소한 문제도 해결하지 못하고 회피하는 사람도 종종 눈에 띕니다. 또 공부는 잘했을지 몰라도 사람들과 좋은 인간관계를 맺지 못해, 중요한 프로젝트는 맡기지 못하는 경우도 봅니다. 지능과 건강이 관계가 있는 것도 아닙니다. 즉 행복한 삶을 사는 데, 지능만이 중요한 것이 아니라는 의미입니다.

진정한 성공은 청소년기 비인지 능력에 달렸다

심리학 연구자들은 지능으로 설명할 수 없는 사회적 성공의 조건에 주목했습니다. 주변을 둘러보세요. 공부는 잘 못 하지만 예체능 활동은 열심히 하는 학생이 있습니다. 강한 의지력과 목표를 달성하기 위한 노력이 느껴지는 아이입니다. 이런 아이들은 공부 외의 분야, 예를 들면 스포츠나 음악 분야에서 활약할 수 있습니다.

한편 주위 사람들의 미묘한 감정 변화를 예리하게 알아차려서 적절하게 배려하거나, 누구에게나 예의 바르고 정중하게 대하는 아이도 있습니다. 이런 아이들은 똑똑한 사람들보다 더 인기가 있으며, 사람들 사이에서 영향력을 발휘합니다.

이 책에서 자세히 설명하겠지만, 이런 의지력과 친절함은 비인지 능력의 일종입니다. 비인지 능력은 주로 학습할 때 쓰이는 똑똑함, 현명함 같은 인지 능력과 대비해 사용하는 단어입니다.

비인지 능력은 청소년기에 매우 중요합니다. 청소년기는 2차 성징기로, 두 번째 폭발적인 성장이 이뤄지는 시기입니다. 이 시기는 '자아'에 대해 관심이 쏠리는 시기입니다. 한편으로 친구나 연인 같은 가족 외의 '중요한 타인'의 반응이 예민하게 느껴지는 시기입니다. 호르몬의 불균형과 뇌의 폭발적 성장으로 충동성이 강해져 감정적인 사고를 일으키거나 수많은 유혹에 휩쓸리기도 쉽습니다. 이 시기에 직면하는 문제에 대처할 때 비인지 능력은 도움이 됩니다.

한편으로 비인지 능력은 태어날 때부터 고정되어 있는 것이 아니라, 경험과 훈련에 의해 변화시킬 수 있습니다. 자아와 타인과 관련된 뇌 발달이 급격히 이뤄지는 청소년기는 비인지 능력을 키우기에 결정적인 시기입니다.

이 책에서는 비인지 능력 중 비교적 연구 결과가 많은 다섯 가지 능력을 다룹니다. 이 중에는 우리 아이가 잘하는 것도 있고 잘하지 못하는 것도 있을 겁니다. 이 책을 통해 아이가 무엇을 잘하고 못하는지 생각하는 시간을 가져보기 바랍니다. 그리고 아이에게 부족한 부분이 있고, 그 부분을 충족시켜주고자 한다면 책에서 소개한 방법을 아이에게 적용해보기 바랍니다.

십 대의 고민 속에서 해답을 찾다

저는 발달심리학과 발달인지신경과학 연구를 진행하며 여러 권의 책을 쓰고, 아이를 키우는 부모와 가족, 교육 관계자들을 대상으로 강의를 해왔습니다. 아이를 대상으로 인지와 사회성, 뇌 발달을 연구하고 있기에, 대상자들과 직접 소통하며 고민을 듣기 위해서입니다. 이 책은 청소년 아이들이 평소에 하는 고민을 듣는 것으로부터 시작되었습니다. 아이들은 평소에 비인지 능력과 관련된 고민을 많이 하고 있었습니다. 뒤집어 말하면, 비인지 능력이 탄탄해지면 아이들의 고민과 방황도 줄어들 것입니다.

1장에서는 용어부터 생소한 '비인지 능력이 무엇인지' 설명합니다. 비인지 능력은 매우 주목받는 용어이지만 한편으로 주의해야 할 점도 있기에 그에 관한 내용도 다뤘습니다. 2장부터는 비인지 능력을 구체적으로 살펴봅니다. 의지력과 관련된 실행 기능(2장)과 지구력(3장)을 이야기합니다. 이 두 가지 능력의 중요성은 많은 연구에서 다양하게 증명된 바 있습니다. 다음으로는 자신과 마주하는 능력(4장)에 대해 설명합니다. 자신을 마주하는 여러 가지 능력 중에서 여기에서는 자기효능감을 다루었습니다. 타인과 소통하는 능력도 알아봅니다. 좋은 인간관계를 형성하는 데 필요한 감정 지능(5장)과 향사회적 행동(6장)을 다룹니다.

비인지 능력에 대해 자세히 이해하기 위해 1장부터 읽어보시기 바랍니다. 그 후에는 어느 장을 읽어도 상관없습니다. 내 아이와 가장 관련이 있어 보이는 장부터 읽어나가도 좋습니다.

이 책이 청소년 아이들이 자신만의 꿈을 찾는 데 힘이 되기를, 꿈을 위해 의지를 갖고 포기하지 않고 노력함으로써 자신이 원하는 빛나는 삶에 다가가는 데 도움이 되기를 바랍니다.

앞으로 몇 년 뒤면, 경쟁이 치열한 사회 속에서 살아갈 아이를 지켜보며 부모는 응원밖에 할 수 없게 됩니다. 이 책이 세상 한가운데 우뚝 서는 인재로 아이를 성장시키는 단단한 지식이 되기를 바라봅니다.

모리구치 유스케

목차

2장

실행 기능, 욕구를 참고 행동하는 능력

3장

지구력, 열정을 갖고 노력하는 능력

4장

자기효능감,
자신을 마주하고 성공으로 이끄는 능력

5장

감정 지능,
타인과 소통하고 관계 맺는 능력

6장

향사회성 행동,
공감하고 친절을 베푸는 능력

7장

십 대를 위한 또 다른 비인지 능력

1장

아이의 무한한 가능성, 비인지 능력

청소년기는 인생에서 매우 중요한 시기입니다. 신체 변화와 정서적 변화가 동시에 일어날 뿐 아니라 자신의 존재와 가치에 대해 끊임없이 탐색하고, 미래에 대한 꿈과 계획을 세우기 시작합니다. 그 과정에서 다양한 능력을 키워나가는데, 이를 아우르는 것이 바로 '비인지 능력'입니다. 이번 장에서는 비인지 능력이 무엇인지, 왜 비인지 능력을 높여야 하는지에 대해 알아보겠습니다.

01

인생에서 가장 큰 변혁의 시기

"십 대는 인생에서 어떤 시기일까요?"

이 질문을 하면 우리가 흔히 아는 '사춘기'부터 '인생의 전환기' 등 여러 가지 대답이 나올 겁니다. 저는 제 전문 분야인 발달심리학 관점, 즉 '십 대의 마음과 뇌가 어떻게 변화하는가'라는 측면에서 답해보겠습니다.

십 대 시기에는 몸에 엄청나게 큰 변화가 일어납니다. 남자아이의 경우 목소리가 두껍고 낮게 변하며 얼굴과 몸에 털이 자랍니다. 여자아이는 유방이 발달하고 월경이 시작됩니다. 바로 이 시기에 급증하는 성호르몬의 영향 때문이지요.

이러한 신체적 변화 외에도 뇌와 마음에 격렬한 변화가 나타납니다. 초등학생 때는 있는 듯 없는 듯 조용하고 수줍어하던 내향적인 성격의 아이가 중학교에 들어가자마자 적극적이고 외향적인 성격으로 바뀌는 것을 본 적이 있지 않나요? 좋은 의미에서건 나쁜 의미에서건 마음에 변화가 생겨 갑자기 성격이 확 달라지는 시기가 바로 십 대입니다.

그렇다면 심리·사회적 발달 측면에서는 십 대를 어떤 시기로 볼까요? 정체성이 형성되는 시기로 인식합니다. 정체성이란 용어는 '나는 어떤 사람인가'를 의미합니다. 십 대는 굉장히 철학적인 이 문제를 직시하고, 친구들과는 다른 자기다움을 추구하기 시작합니다. 다시 말해 자신을 형성하는 시기입니다.

✦ 십 대의 다른 이름 – 충동, 불안정, 민감

'십 대는 어떤 시기일까?'에 관해 이루어진 많은 연구에 따르면, 십 대에는 정서적으로 세 가지 특징이 두드러집니다. 첫 번째는 '충동적인 성향'입니다. 무언가를 갖고 싶거나 남에게 인정받고 싶은 욕구가 매우 강해져 위험한 행동도 불사하고 나쁜 유혹에 쉽게 빠집니다.

예뻐 보이고 싶어 화장을 하거나 멋진 몸매를 만들기 위해 운동하는 등 외모에 대한 관심이 급증하는 십 대 아이들은 대개 어른들의 시선에서는 불필요한 것들, 옷이나 게임 아이템 등을 갖고 싶어 합니다. 여기에서 문제가 발생합니다. 십 대에는 갖고 싶은 마음이 지나치게 커지는 한편 이를 억누르는 능력은 그만큼 자라지 않았기 때문입니다. 그 결과 때론 친구들의 돈을 빼앗거나 도둑질과 같은 범죄로 이어지기도 합니다. 또 이 시기에는 친구들이나 주변 사람들로부터 인정받고 부러움의 대상이 되고 싶은 욕구가 끓어오릅니다. 그래서 X(옛 트위터)나 인스타그램 등의 SNS에서 '좋아요'를 받기 위해 사고가 날 것 같은 아슬아슬한 영상을 찍거나 거짓말을 하기도 합니다.

두 번째 특징은 '불안정한 감정 상태'입니다. 십 대는 감정 변화가 요동치는 시기인데, 이는 감정에 관여하는 뇌 영역이 빠르게 발달하는 것과 관련이 있습니다. 그럼 어떤 모습이 나타날까요? 과도한 자신감을 느끼거나 반대로 자신감이 뚝 떨어지는 등 자기 자신에 대한 확신이 불안정해지기 쉽습니다. 신경이 예민해지고 불안해하며, 심한 경우 우울감을 겪기도 합니다. 특히 관심을 받지 못하거나 혼자 있는 아이는 고립감을 느끼기도 합니다.

최근 연구를 통해 밝혀진 세 번째 십 대의 특징은 '친구 관계에 강하게 반응한다'는 점입니다. 이 시기에는 친구나 관심 있는 사람, 특히 좋아하는 사람의 표정이나 움직임 같은 신호에 과도하게 반응합니다. 이때 십 대가 관심 있어 하는 대상에 가족은 대체로 포함되지 않습니다.

인간은 태어나 생후 7~12개월이 되면 다른 사람의 표정이나 음성, 움직임을 어느 정도 이해하게 됩니다. 그런데 이러한 신호에 반응하는 사회적 뇌 영역이 십 대에 다시 급격히 성장합니다. 그 결과 친구나 관심 있는 사람들이 보내는 신호에 민감하게 반응하는 것입니다.

예를 들어 친구와 이야기하던 중 친구의 표정이 살짝 어두워지거나, 친구가 자기가 아닌 다른 친구와 재미있게 이야기하는 모습을 보면 어른들은 별 생각 없이 넘길 수 있습니다. 그러나 이 시기의 아이들은 친구의 스치는 표정이나 별거 아닌 행동이 마음에 걸려 '혹시 내가 따돌림당하는 거 아닐까?'라는 걱정까지 이어집니다. 의아스럽겠지만 이런 일은 매우 흔한 일입니다.

모든 십 대가 대부분 이러한 변화를 겪지만, 개인마다 정도의 차이가 있습니다. 어떤 아이는 충동성이 매우 크게 나타나는 반면 어떤 아이는 그렇지 않습니다. 다른 사람이 보이는 신호에 유난히 민감하게 반응하는 아이가 있는가 하면 무덤덤하게 흘려보내는 아이도 있습니다. 아이마다 정도의 차이는 있지만 십 대 시기에는 대체로 이런 정서적 경향성을 보입니다.

그렇다면 이런 위태로운 모습을 보이는 십 대 아이들을 자연스러운 현상이니까 그냥 놔둬도 될까요? 아닙니다. 아이들의 정서적 특징에 대응하고 나아가 행복한 삶, 성공하는 삶으로 이끌기 위해 이 시기에는 부모가 인지 능력보다 급격히 변화하는 비인지 능력을 관리하고 키워주어야 합니다. 뇌가 새롭게 개편되고 있기 때문입니다.

성공의 비밀

'십 대는 단지 마음이 요동치는 시기니까 저런 행동을 하는 게 아닐까? 좀 지나면 괜찮아지겠지'라고 생각한다면 오산입니다. 그냥 놔둔다고 지나가는 한때가 아닙니다. 아이의 뇌가 급격히 변화하는 시기라, 바르게 성장할 수 있도록 지금까지와는 다른 부모의 관심이 필요합니다. 아이를 성공하는 삶으로 이끌고 싶다면, 아이에게 행복한 삶을 안겨주고 싶다면, 십 대가 어떤 시기인지 부모가 정확히 아는 것이 필요합니다.

02

비인지 능력에 주목해야 하는 이유

"비인지 능력? 잘 들어보지 못한 용어인데 정확히 어떤 능력인가요?"

평소에 어딜 가도 누굴 만나도 많이 받는 질문입니다. 발달 관련 연구자와 교육 종사자들 사이에서는 비인지 능력이라는 용어가 확산되어 어느 정도 익숙하지만, 부모들과 십 대인 아이들에게는 생소한 말입니다.

'비인지 능력'은 '인지 능력' 앞에 '아닐 비非' 자가 붙어 만들어진 단어입니다. 즉 인지 능력 이외의 능력을 비인지 능력이라고 합니다. 그러면 우선 인지 능력이 무엇인지부터 알아봅시다.

✦ 인지 능력 = 지능

경제학, 교육학 같은 분야나 교육 현장에서 주로 사용하는 인지 능력은 '영리함', 즉 '지능'을 가리킵니다. 더 쉽게 말해 '지능지수IQ'를 떠올리면 됩니다. 일정한 문항으로 지능을 측정해 표준점수로 수치화한 것으로, 누구나 학창 시절에 한 번쯤 지능검사를 받아봤을 겁니다.

IQ가 상위 2%에 속하는 경우 멘사라는 단체에 가입할 수 있습니다. 누군가가 멘사 회원이라고 밝히면 대부분은 '저 사람 똑똑하네'라고 생각합니다. 이처럼 지능지수가 높을수록 영리하다고 여깁니다.

지능검사는 정확히 무엇을 측정하는 검사일까요? 우선 지능검사는 제한 시간 내에 많은 도형을 제시한 후 그중에서 같은 도형을 선택하게 하거나 다양한 지식을 물어보는 방식으로 이뤄집니다. 일반적으로 이 검사를 통해 기본적인 정보 처리 능력과 지식을 바탕으로 문제를 해석하고 추론하는 능력을 확인하고자 합니다.

정보 처리 능력은 많은 정보를 기억하고, 그 정보를 토대로 제한 시간 내 주어진 문제를 빨리 처리하는 능력입니다. 이 능력은 성적, 즉 학업 능력과 직결됩니다. 학교 시험이나 대학 입시에서는 제한 시간 내에 얼마나 많은 문제를 풀 수 있는가가 중요하기 때문입니다. 정보 처리 능력이 뛰어나야 더 많은 문제를 정확히 풀어낼 수 있으니까요.

이러한 정보 처리 능력은 성인이 되어서도 계속 사용하는 능력입니다. 연달아 밀려오는 업무를 신속하게 처리하고 새롭게 주어진 일을 익히는 데 필요한 능력이기 때문입니다.

추론 능력 역시 지능검사에 포함됩니다. 주어진 정보를 근거로 하여 사고를 확장하는 능력이 추론 능력입니다. 예를 들어 명탐정 코난이나 셜록 홈스 같은 탐정들이 뛰어난 추론 능력을 갖춘 사람들입니다. 그들은 범인의 사소한 말과 행동 등에서 얻은 단서들을 가지고 사고를 확장해 범죄와 관련된 속임수를 간파합니다.

지능검사에서는 하나의 모양을 예시로 주고 쌓기 나무로 예시와 같은 모양을 만들게 하거나, 어떤 그림을 주고 그 그림에서 빠진 부분을 추론해내는 문항을 바탕으로 추론 능력을 판단합니다. 이 또한 도형 문제를 푸는 수학 학업 능력과 관련이 있습니다.

성인이 되어 업무를 할 때도 추론 능력은 필요합니다. 지시받은 대로 기계적으로 일을 하기보다 주어진 정보들로부터 추론해 그 일을 어떻게 발전시킬 수 있는가가 업무 성과를 내는 데 핵심이기 때문입니다.

정리해 보면 인지 능력은 문제를 빨리 풀거나 주어진 정보를 근거로 사고를 확장하는 능력입니다. 그래서 '인지 능력은 곧 학업 능력'이라고 보는 경향이 있습니다.

하지만 엄밀히 말하면 인지 능력은 단순히 공부를 잘하는 것, 똑똑한 것만을 가리키진 않습니다. '인지認知'라는 단어는 본래 '세상을 안다'는 뜻입니다. 그래서 심리학과 인지과학 같은 연구 분야에서는 '세상을 아는 과정', 예를 들면 보고 듣고 기억하는 일련의 과정을 가리켜 인지라고 합니다.

✦ IQ로 측정되지 않는 강력한 힘

보편적으로 '인지 능력 = 지능'을 가리키므로 비인지 능력은 지능 이외의 다른 능력이라 할 수 있습니다. 막연한 표현이지요? 학교생활을 예로 들어 쉽게 설명해보겠습니다.

아이들은 학교에서 국어, 영어, 수학, 과학(물리, 생물, 화학, 지구과학), 사회(역사, 지리) 등을 배웁니다. 이 과목들은 대학 입시를 치르려면 반드시 공부해야 하기 때문에 학교에서 많은 시간을 할애해 가르칩니다. 또 음악, 체육, 가정, 미술, 기술 등의 과목도 배웁니다. 대학 입시에 반드시 필요하지는 않지만 삶을 풍요롭게 만들어주는 다양한 지식과 능력도 배울 필요가 있기 때문입니다.

그런데 이 과목들을 배우는 것만큼 혹은 심지어 더 중요하게 배우는 것이 있습니다. 바로 동아리 활동, 운동회 준비 같은 수업 이외의 활동과 친구 사귀기입니다. 십 대 시기에는 친구 관계를 통해 사회적 기술과 자기표현 방법, 갈등 해결 방법 등을 배우기 때문에 학업만큼이나 중요합니다. 게다가 자신의 눈높이에서 이야기를 경청하고 이해하며 지지해 주는 친구들과의 대화는 아이들로서는 더없이 즐거울 수밖에 없습니다.

아이들은 수업 시간은 물론 쉬는 시간, 동아리 활동 시간, 방과 후에도 친구들을 비롯해 여러 사람들과 어울립니다. 국어나 수학을 공부하는 건 좋아하지 않아도 학교를 싫어하지 않는 이유는 이처럼 친구들과 함께할 수 있기 때문일 겁니다. 좋아하는 친구와 이야기하고 함께 웃을 수 있다면 수업이 아무리 재미없어도 등교할 힘이 생길 테니까요.

"우리 애는 동아리 활동을 하러 학교에 다니는 것 같아요. 수업 시간에는 대부분 자거나 멍 때리는 것 같고요."

학교에 가도 딴짓만 하는 학생들이 더러 있습니다. 저 역시 그런 학생 중 하나였습니다. 수업 내용이 기억나지 않을 정도로 수업 시간 내내 잠만 나서 선생님께 자주 혼나곤 했습니다. 지금은 공부가 일인 학자가 되었지만 학창 시절에는 그다지 공부를 좋아하는 편이 아니었습니다. 쉬는 시간에 친구들과 시시콜콜 수다를 떠는 게 좋아서, 수업이 끝난 후 동아리 활동을 하고 싶어서 학교에 다녔습니다.

이러한 수업 이외의 활동은 머리만 좋다고 잘할 수 있는 게 아닙니다. 친구와 좋은 관계를 유지하고, 동아리 활동을 잘 해내려면 필요한 능력이 있습니다. 그게 바로 비인지 능력입니다.

여기에는 여러 가지 능력을 포함시킬 수 있지만, 국제기관인 경제협력개발기구OECD가 제안하는 비인지 능력은 세 가지입니다. '목표를 달성하는 능력', '자신과 마주하는 능력', '다른 사람과 소통하는 능력'입니다.

이 세 가지 능력은 앞에서 언급한 십 대의 특징과 관련이 있습니다. 목표를 달성하는 능력과 자신과 마주하는 능력은 충동적이고 자신의 정체성에 대해 고민하는 사춘기 아이들의 특징과 관련이 깊습니다. 다른 사람이 보이는 신호에 민감하게 반응하는 특징은 다른 사람과 소통하는 능력과 관련지을 수 있습니다.

성공의 비밀

학교 시험이나 대학 입시를 치러야 하는 십 대에게 인지 능력은 매우 중요한 능력입니다. 하지만 인지 능력만큼 비인지 능력도 필요합니다. 지능만 높다고 성공할 수 있는 것도, 행복할 수 있는 것도 아니니까요. 어느 한쪽으로 치우치지 않고 두 가지 능력을 기를 수 있도록 도와주세요.

03

성공을 좌우하는 비인지 능력 3가지

아이의 성공을 누구보다 간절히 바라는 건 부모입니다. 대개 '성공=높은 학업 성취'라는 생각에 인지 능력을 기르는 데 관심을 많이 쏟는 반면 비인지 능력에는 관심을 덜 기울입니다.

하지만 2000년 노벨경제학상을 수상한 시카고대학교 제임스 헤크먼 교수의 연구에 따르면, 비인지 능력을 계발하는 교육을 받은 아이들은 수십 년 후 학업 성취, 소득, 사회적 성공 면에서 크게 우수한 결과를 보여줬습니다. 다른 많은 연구에서도 비인지 능력이 학습 능력 이상으로 아이의 성장과 행복을 좌우한다는 사실이 밝혀졌습니다.

비인지 능력은 도대체 어떤 힘을 가지고 있길래 전문가들이 성공적인 인생을 위해 빼놓을 수 없는 능력으로 손꼽는 걸까요? 비인지 능력이 무엇인지 그 실체를 알아봅시다.

✦ 목표를 달성하는 능력

첫 번째는 목표를 달성하는 능력입니다. 무언가를 해내려는 의지력과 같은 의미입니다. 어떤 능력인지 동아리 활동을 예로 들어 설명하겠습니다.

학교에는 독서부, 방송부, 밴드부처럼 공통의 관심사로 모여 즐겁게 활동하는 모임도 있지만, 전국대회 출전이나 작품전 입상 같은 목표를 세우고 함께 노력하는 동아리도 있습니다. 그 동아리에 속한 부원들은 목표를 이루기 위해 부단히 노력합니다.

저도 고등학교 때 럭비부에 소속되어 있었습니다. 오래전부터 럭비로 유명한 학교여서 전국대회 출전이 그해의 목표였습니다. 그런데 같은 지역 내에 전국에서 럭비로 손꼽히는 학교가 있었습니다. 럭비부의 첫 번째 목표도 저의 개인적인 목표도 그 학교를 이기는 것이었습니다.

동아리 활동 말고도 축제나 체육대회 등과 같은 활동에서 목표를 설정하고 달성하는 것은 십 대 때 할 수 있는 귀중한 경험입니다. 하지만 실제로 목표를 달성하는 건 쉽지 않습니다. 모두 1등을 할 수 있는 건 아니니까요. 저의 경우 고등학교 3년 내내 최선을 다해 노력했지만 타도를 외쳤던 그 학교에 번번이 졌습니다. 결국 목표를 이루지 못한 것입니다.

그렇다고 노력한 게 의미 없어지는 건 아닙니다. 목표를 달성하는 것만이 중요한 게 아니라는 뜻입니다. 최종적으로 목표는 달성하지 못했더라도 목표를 달성하기 위해 했던 노력들, 즉 나름의 계획을 세우고 부원들과 함께 훈련을 하고 실력을 점검하고 떨리는 마음을 억누르며 경기를 치렀던 경험 등을 통해 단련된 능력이 있기 때문입니다.

사실 십 대 아이들이 목표를 달성하는 데는 여러 가지 어려움이 따릅니다. 그중 충동적으로 행동하는 특성이 한몫합니다. 세운 목표를 향해 나아가다 조금만 어려움을 느껴도 쉽게 포기하곤 합니다. 이때 어려움을 극복하고 다시 목표를 향해 달려가려면 몇 가지 능력이 필요합니다. 바로 실행 기능(자제력), 지구력, 의욕 등입니다.

뒤에서 자세히 설명하겠지만, 실행 기능은 목표 달성을 방해하는 유혹이나 습관을 조절하는 능력을 말합니다. 아이가 1시간 이내에 숙제 끝내는 것을 목표로 세웠다고 했을 때 목표를 달성하려면 숙제에 집중해야 합니다. 하지만 주변에는 이를 방해하는 유혹이 참 많습니다. 지금 당장 놀자고 연락하는 친구도, 게임이나 유튜브도 거절하기 어려운 유혹입니다. 아이가 항상 유혹에 굴복한다면 어떻게 될까요? 목표를 달성하기 어렵습니다. 이런 유혹을 이겨내는 능력이 바로 실행 기능입니다.

지구력도 목표를 달성하는 데 꼭 필요한 능력입니다. 지구력은 목표를 위해 인내하고 지속적으로 노력하는 힘입니다. 아이뿐 아니라 어른도 마찬가지입니다. 목표를 세웠다 하더라도 잘되지 않으면 도중에 포기하고 싶어지지요. 예를 들어 피아노 콩쿠르에서 입상하는 것을 목표로 세웠는데 좀처럼 실력이 늘지 않거나 과제 곡을 제대로 연주하지 못하면 중간에 때려치우고 싶어집니다. 다시는 피아노에 손도 대지 않겠다고 다짐하기도 합니다. 그럴 때 어떻게든 버티고 목표를 향해 계속 노력하는 힘이 지구력입니다.

이외에 목표를 달성하기 위해서는 의욕과 열정도 중요합니다. 목표를 세웠는데 그 목표가 자신에게 별로 중요하지 않다고 생각되면 그 목표를 계속 가져가기 힘듭니다. 대회에서 입상하고 싶다는 생각이 강해야 의욕적으로 그 목표를 향해 달려나갈 수 있습니다.

이렇듯 목표를 달성하는 능력은 비인지 능력 중 가장 중요한 능력입니다. 그래서 가장 많은 연구가 이루어지는 주제입니다. 특히 실행 기능은 다른 비인지 능력과도 관련이 깊습니다.

✦ 자신과 마주하는 능력

두 번째 비인지 능력은 자신과 마주하는 능력입니다. 많은 사람이 알고 있는 '자신감'과 '자존감'을 기르는 것을 의미합니다. 자신감과 자존감이 높은 아이는 어떤 모습일까요? 다른 사람들이 자신을 좋아해줄 거라는 확신이 있어 관계 맺는 것에 두려움을 갖지 않습니다. 모든 일에 적극적으로 참여하며 주도적으로 처리하려고 노력합니다. 자신의 능력에 대해 과신하지도 저평가하지도 않으며 새로운 일에 잘 도전합니다. 부정적인 생각을 잘 하지 않으며 실패해도 크게 좌절하지 않습니다. 이런 아이가 학교생활을 하면 어떨까요? 새로운 과제가 주어졌을 때 적극적으로 임하고 자신감 있게 배우며, 실패해도 툭툭 털어내고 다른 도전을 할 수 있습니다. 반대로 자신감이나 자존감이 낮다면 학교생활을 하면서 하루하루가 힘들겠지요?

'나'라는 존재는 참 알 수 없는 구석이 많습니다. 그래서 예로부터 철학과 심리학의 대표적인 연구 대상이 되어왔습니다. '나는 누구인가'라는 주제로 말입니다.

인간은 대개 18~24개월 무렵부터 나라는 존재를 깨닫기 시작합니다. 거울에 비친 자신의 모습을 보고 나라는 사실을 알아챕니다. 이는 자기 인식을 할 수 있게 되었다는 의미입니다. 24개월 이후에는 자신의 성별이 무엇인지, 어떤 운동을 잘하는지, 좋아하는 놀이는 무엇인지 등 다양한 특성을 자신에게 적용해 '나'라는 개념이 생깁니다.

유아기에는 타인과의 비교가 아니라 자신에게 초점을 맞추어 생각합니다. 그렇기 때문에 어제의 자신과 비교해서 오늘의 자신이 얼마나 더 잘할 수 있는지가 중요합니다. 자전거를 탈 수 있고, 수영을 할 수 있고, 공을 멀리 찰 수 있는 것처럼 어제 하지 못했던 활동을 오늘 할 수 있게 된 것으로 자존감을 유지합니다.

그런데 초등학생이 되면서 나를 인식하는 방식이 조금 복잡해집니다. 남과 자신을 비교하기 시작하기 때문입니다. 내가 친구보다 수학을 잘하는지, 피아노를 더 잘 치는지, 더 빠르게 달릴 수 있는지 등 남과 비교하면서 나 자신을 만들어갑니다. 또 자신이 남들보다 어떤 좋은 점을 지니고 있는지 나쁜 점은 무엇인지처럼 자신의 강점과 약점에 대해 생각하기 시작합니다. 인간이 사회적인 동물임을 감안하면 당연한 고민이겠지만, 아무래도 마음이 복잡해지겠지요?

게다가 십 대에 접어들면 다른 사람들이 나를 어떻게 생각하는지도 무척 중요해집니다. 즉 타인의 시선에 민감해집니다. 다른 사람의 눈에 내가 예쁘고 멋있어 보이는지 궁금해지면서 외모에 부쩍 신경 쓰기 시작합니다. 친구들과의 사이에서 자신이 분위기 깨는 행동을 하지 않았는지 눈치도 보게 됩니다. 친구 관계가 중요해지는 한편 그 사이에서의 나는 어떤 모습인지 인식하면서 자아상이 흔들립니다.

✦ 타인과 소통하는 능력

두 번째 비인지 능력이 자아와 관련된 것이었다면, 세 번째는 타인과 관련된 능력입니다. 우리는 자신과 마주하면서 다른 사람과도 잘 지내야 합니다. 물론 사교성도 같은 맥락이지만, 이보다 더 기본적인 능력을 이야기하고 싶습니다. 타인의 신호에 민감하게 반응하는 십 대의 특징과 관련이 있지요.

십 대는 가족으로부터 독립을 시작하는 시기입니다. 10세 미만일 때는 부모, 형제자매, 친척이 중요한 타인이었다면 10세 이후부터는 점차 동성 친구나 연인이 중요한 타인이 됩니다. 당연히 친구와 연인의 영향을 강하게 받습니다.

지금은 뉴스에서도 흔히 쓰는 '등골 브레이커'라는 용어는 십 대 사이에서 유행하는 특정 브랜드의 패딩에 붙여진 별명입니다. 아이들 사이에서 수십만 원짜리 패딩이 유행하며, 부모들에게 부담을 준다고 해서 붙은 말이었죠. 이처럼 십 대들은 옷 스타일이나 머리 모양, 화장 등 외모뿐 아니라 사고방식, 취향, 돈 쓰는 방식까지 또래에게 크게 영향을 받습니다. 그게 좋든 나쁘든 상관없이 말입니다.

친구나 연인과 보내는 시간이 늘수록 그들과 잘 지내야 하므로 다른 사람과 소통하는 능력이 중요해집니다. 상대방이 지금 어떤 기분인지 주의 깊게 살피고, 어떤 말을 걸고 어떻게 행동해야 좋은 관계를 유지할지에 대해 고민합니다.

나아가 친구와 학교 이외에서 교우 범위를 넓히려고 시도합니다. 인스타그램, 페이스북, 틱톡 등 SNS를 통해 낯선 사람들과 만나고 교류하면서 사회적 네트워크를 확장합니다. 이런 상황에서 누구를 믿고 누구를 믿을 수 없는지, 누구와 어울리고 누구와 어울리면 안 되는지 판단하는 능력도 향상됩니다.

저는 타인과 상호작용을 하는 능력 중에서 특히 '감정 지능'과 '향사회적 행동'에 초점을 맞추고 있습니다. 감정 지능EQ은 자신과 타인의 감정을 이해하고 이를 일상적인 행동에 활용하는 능력이고, 향사회적 행동은 친절한 마음입니다.

십 대 아이들은 불현듯 감정적으로 불안정해지기도 합니다. 친구와 잘 지내지 못하거나 싸우면 우울해하거나 불안해합니다. 또 친구가 갑자기 냉랭한 모습을 보이면 걱정이 밀려듭니다. 이처럼 다른 사람의 감정 변화를 알아차리고 적절히 대처하는 능력은 감정 지능과 관련이 있습니다.

친절한 행동을 중요한 능력이라고 하면 갸웃하는 부모들이 많습니다. 친절이 왜 중요할까요? 친절한 행동은 사람을 기분 좋게 만듭니다. 즉 다른 사람과의 관계를 원활하게 만드는 윤활유 역할을 합니다. 학교에서도 불친절한 아이보다 친절한 아이가 친구들에게 인기가 있습니다. 성인이 되어서도 친절은 큰 무기입니다. 불친절한 가게는 쉽게 발걸음이 닿지 않는 반면 친절한 가게는 더 자주 찾게 되는 것처럼요.

'이타이기利他利己'라는 말이 있는데, 베풀면 베풀수록 반드시 나에게 돌아온다는 뜻입니다. 내가 다른 사람에게 친절하게 대하면 돌고 돌아 분명 나 자신에게 돌아옵니다. 타인과 원활하게 소통하기 위해 갖춰야 할 태도입니다.

위와 같이 비인지 능력은 목표를 달성하는 능력, 자신과 마주하는 능력, 타인과 소통하는 능력으로 구성되어 있습니다. 모두 인지 능력, 즉 머리가 좋은 것과는 다르다는 걸 이해했을 겁니다.

성공의 비밀

지금까지 똑똑한 아이로 키우기 위해 인지 능력을 쌓는 데만 집중했나요? 아이가 또래에 관심을 갖기 시작했다면, 십 대의 변화가 시작됐다면, 비인지 능력을 키우는 데 집중해야 할 때입니다. 자신과 마주하고 타인과 잘 소통하며, 목표를 달성하는 능력이 성공의 핵심입니다.

목표를 달성하는 능력

자신을 마주하는 능력

타인과 소통하는 능력

04

왜 지금 비인지 능력인가

"비인지 능력은 한마디로 자신감이나 사교성에 대한 거죠? 그런 게 중요하다는 건 당연한 말 아닌가요? 아이 키우는 부모나 애들 가르치는 선생님들 중에 모르는 사람이 없을 것 같은데, 지금 비인지 능력에 대해 알아야 하는 이유는 뭔가요?"

이 역시 무척 자주 받는 질문입니다. 비인지 능력에 대해 소개하면 이런 질문을 하는 부모들이 많습니다. 맞습니다. 비인지 능력은 지금까지 알려진 사회성, 사교성 등의 사회적 기술과 별반 다르지 않습니다.

그럼에도 최근 들어 우리나라뿐 아니라 전 세계의 교육 현장에서 비인지 능력에 대한 관심이 뜨겁습니다. 특히 아이들을 지원하는 현장에서 높은 관심을 보이고 있습니다. 여기에는 중요한 두 가지가 이유가 있습니다.

✦ 인생의 행복과 직결된다

하나는 인생의 행복도와 직결된다는 점입니다. 행복은 그간 연구로 측정하기 모호한 감정이었습니다. 그러나 연구를 거듭하면서 학자들은 행복에 대한 정의를 내리고 측정을 하기 시작했습니다. 연구 결과가 쌓이기 시작했다는 뜻입니다.

데이터 분석 결과 인간의 행복은 인간관계와 직업, 경제적 측면, 건강과 관련이 있습니다. 비인지 능력은 이러한 행복 수준과 관련이 깊습니다.

목표를 달성하는 능력이 뛰어난 사람은 업무상 힘든 일이 있어도 낙담하지 않고 어려움을 잘 헤쳐나갑니다. 그 결과 좋은 성과를 낼 확률이 높고, 다른 사람보다 더 많은 돈을 벌 가능성이 있습니다. 또 유혹을 뿌리치는 힘도 강합니다. 다이어트를 하는 중에 케이크를 먹고 싶다는 유혹이 찾아와도 그 유혹을 이겨냄으로써 목표 체중과 건강한 몸으로 보상을 받습니다.

친절하고 감정 지능이 높은 사람은 다른 사람과 건강한 관계를 맺습니다. 가족과 사이좋게 지내고, 친구들이나 연인과 친밀한 관계를 오랫동안 이어갑니다.

비인지 능력에 관한 연구가 아직 진행 중에 있지만, 수많은 연구에서 목표를 달성하는 능력과 삶의 행복도 중 몇 가지 측면이 직결된다는 것이 밝혀졌습니다.

✦ 교육과 경험으로 바꿀 수 있다

연구자들이 주목하는 또 다른 이유는 비인지 능력이 교육이나 지원을 통해 충분히 바뀔 수 있는 능력이기 때문입니다. 인지 능력, 즉 지능은 변화의 범위가 경직되어 있는 편입니다. 어릴 때 지능이 높은 사람은 어른이 되어서도 지능이 높을 가능성이 큽니다. 전 세계적으로 아이들의 지능을 개발하기 위한 다양한 프로젝트가 진행됐는데, 타고난 지능을 변화시키는 건 극히 어렵다는 결과가 우세했습니다.

반면 비인지 능력은 교육과 개발 지원, 수많은 경험을 통해 바뀔 수 있습니다. 인지 능력에 관한 연구보다 비인지 능력에 관한 연구의 수가 그리 많지 않아 명확한 결론을 내릴 수는 없지만, 뇌과학 연구에 따르면 인지 능력보다 변화할 여지가 있다는 의견이 우세합니다.

또 비인지 능력 중 일부는 가정환경과 경제 상태, 양육 방식에 크게 영향을 받습니다. 이 말은 비인지 능력은 선천적으로 타고나는 것이 아니라 후천적으로 바뀔 수 있다는 의미입니다. 쉬운 일은 아니겠지만, 결코 불가능한 일도 아닙니다. 아직 성장 과정에 있는 십 대라면 어떠한 경험과 자극을 받느냐에 따라 변할 수 있습니다.

성인도 바뀔 수 있는지 묻는 사람들도 있습니다. 안타깝게도 아이에 비해 어른이 되면 자신을 바꾸는 건 매우 어렵습니다.

성공의 비밀

비인지 능력은 행복과 직결됩니다. 또 행복이 성공과 연결된다는 연구 결과가 우세합니다. 즉 아이의 비인지 능력을 키우는 것은 아이에게 성공적인 삶과 행복한 삶에 다가가는 키를 쥐어주는 겁니다. 한편 비인지 능력은 환경 제공, 경험, 연습을 통해 키울 수 있으며, 성인이 되기 전에는 변화의 기회가 열려 있습니다.

1장 핵심 노트

- 십 대 시기의 정서적 특징으로 충동적인 성향, 불안정한 감정 상태, 타인의 신호에 민감하게 반응하는 마음, 이 세 가지를 꼽을 수 있습니다.
- 비인지 능력은 인지 능력 이외의 능력으로 목표를 달성하는 능력, 자신과 마주하는 능력, 다른 사람과 소통하는 능력을 말합니다.
- 목표를 달성하는 능력은 무언가를 해내려는 의지력과 같은 의미로, 비인지 능력 중 가장 중요한 능력입니다. 실행 기능, 지구력, 의욕 등을 필요로 합니다.
- 자신과 마주하는 능력은 자신감과 자존감을 기르는 것을 의미합니다.
- 타인과 소통하는 능력을 키우려면 감정 지능과 향사회적 행동을 갖추어야 합니다.
- 비인지 능력은 미래 소득, 행복, 성공과 관련이 있습니다. 또한 성인이 되기 전이라면 적절한 교육과 환경 제공, 다양한 경험으로 변화시킬 수 있습니다.

2장

실행 기능,
욕구를 참고 행동하는 능력

어떤 목표가 있을 때 그 목표를 달성하기 위해 해야 할 일이 있습니다. 그런데 각종 유혹이 방해합니다. TV도 보고 싶고, 게임도 하고 싶습니다. 친구와 카톡을 하며 수다도 떨고 싶습니다. 집중과 노력을 하지 못하도록 방해하는 훼방꾼이 곳곳에 정말 많습니다. 이런 상황에서도 목표를 이루기 위해 방해물을 견뎌내고 해야 할 일을 하는 힘을 '실행 기능'이라고 합니다.

01

왜 공부에 집중하지 못할까?

"오늘도 피곤해. 저녁도 먹었고… 자, 이제 뭘 하지? 다음 달에 시험이 있네. 미분 문제는 푸는 족족 다 틀려서 미분 공부해야 하는데…. 아! 새로 나온 게임 되게 핫하다던데 한번 깔아볼까? 그러고 보니 얼마 전에 SNS에 올린 게임 영상이 '좋아요'를 엄청나게 받았는데, 새로 출시된 게임으로 영상 찍어서 올리면 대박 나겠다. 아, 공부해야지. 음… 아니다! 게임 잠깐만 하고 공부할까? 새로운 영상 언제 올라오나 기다리는 사람들도 있을 텐데…."

이러고 앉아 있는 아이, 생각만 해도 갑갑하죠? 많은 십 대 아이들이 이런 고민으로 시간을 허비합니다. 중학교든 고등학교든 공부는 학창 시절에서 가장 긴 시간을 차지하는 일입니다. 정기적으로 보는 시험과 대학 입시를 위해 과목별로 공부를 해야 하고 각종 과제도 해야 합니다. 동아리 활동을 하는 아이들은 대회 출전이나 작품 전시 등의 목표를 달성하기 위해 거의 매일 매달리기도 합니다. 때로는 땡땡이를 치고 싶기도 하지만요.

이 시기에는 별의별 게 다 유혹입니다. 중고등학생이 되면 초등학생 때보다 더 많은 것에 관심을 갖습니다. 초등학생들은 옷이나 화장, 헤어스타일에 큰 관심이 없는 경우가 많습니다. 하지만 중고등학생이 되면 여기에 용돈을 쏟아붓기도 합니다. 스마트폰 역시 강력한 유혹거리입니다. 초등학생 때는 키즈폰을 사용하며 각종 제약에도 군말 없이 잘 따르지만, 중학생이 되면 대부분의 아이들이 스마트폰을 사용하고 부모의 제약에서 벗어나 SNS와 게임을 하는 데 많은 시간을 씁니다. 이런 여러 가지 관심은 자신에게 목표가 있을 때 그 목표를 이루기 위해 해야 할 일을 방해하고, 결국 목표 달성을 어렵게 만듭니다. 이런 상황에서 목표를 달성하려면 아이에게는 방해물을 견뎌내고 해야 할 일을 하는 힘, 즉 '실행 기능'이 필요합니다.

실행 기능의 예를 들어보겠습니다. 시험을 잘 보려고 공부하겠다는 목표를 달성하기 위해 SNS 하고 싶은 욕구를 억제하는 능력이라고 생각하면 이해하기 쉬울 겁니다.

✦ 공부를 일부러 못하는 아이는 없다

"공부를 시작해도 오래 집중할 수 없는데 어떻게 하면 좋을까요?"
"스마트폰을 한 번 만지면 멈출 수가 없어서 고민이에요."
"유튜브를 보기 시작하면 중간에 멈출 수가 없어서 계속 보게 돼요. 그러다 보니 공부할 시간이 없어요."
"저는 과자를 너무 많이 먹어요. 어떻게 하면 참을 수 있을까요?"

위 사례들은 비인지 능력에 관해 진행한 설문조사에서 고등학생들이 털어놓은 고민입니다. 대부분 실행 기능에 관한 것입니다.

많은 십 대 아이가 이와 비슷한 고민을 하고 있습니다. 부모들은 아이가 학업에 별 생각이 없는 것 같아 우려하지만, 아이들 역시 공부를 해야 한다는 건 분명히 알고 있습니다. 그런데 막상 공부를 시작해도 집중하지 못하는 경우가 많아 괴로워하는 거죠. 대부분 유튜브를 보거나 SNS에 주의력을 빼앗겨 공부를 계속하기 어렵습니다. 공부 외에도 과자나 주스 등 식욕을 못 참아서 고민하는 아이들도 있습니다.

고민에 대한 해결책을 어떻게 찾아야 할까요? 무작정 잡아 의자에 앉히면 될까요? 그보다 우선 아이가 왜 공부에 집중하지 못하는지, 어떤 욕구를 잘 참지 못하는지, 이게 우리 아이만의 문제인지를 파악해야 합니다. 비즈니스나 연구, 의료 등 분야를 막론하고 먼저 현상을 파악한 후 문제에 접근해야 해결책을 찾는 데 수월합니다. 마찬가지로 아이의 현재 상황을 파악한 후 어떻게 대처할지 생각해야 합니다.

✦ 실행 기능이 부족할 때 생기는 일

실행 기능이라는 용어를 한 번도 들어본 적이 없는 부모도 있을 겁니다. 그러나 서구권에서는 '실행 기능Executive Function'이라는 용어를 보편적으로 사용하고 있으며, 아시아 일부 국가에서는 영어가 모국어가 아님에도 불구하고 'EF'라는 약자로 확산된 곳들이 있습니다. 실행 기능을 오랫동안 연구한 저로서는 이 용어가 좀 더 보편화되면 좋겠습니다.

앞에서 설명했듯 실행 기능은 주어진 목표를 달성하는 데 필요한 능력입니다. 목표에는 여러 가지가 있지만, 실행 기능에서 이야기하는 목표는 비교적 단기적인 목표입니다. 1시간 내에 숙제를 끝낸다거나, 오늘 하루 단것을 먹지 않겠다는 것처럼 말입니다. (다음 장에서 소개할 '지구력'은 장기적인 목표를 달성하기 위한 능력입니다. 실행 기능과 비슷하지만 기간적인 측면에서 다릅니다. 장기적인 목표의 예로는 진학하고 싶은 학교에 합격하는 것, 목표로 하는 회사에 입사하는 것입니다. 이에 대해서는 다음 장에서 더 자세히 설명하겠습니다.)

고등학생들의 고민 중에 '공부할 때 집중력이 오래가지 않는다'와 '유튜브를 보기 시작하면 멈출 수 없다'가 있는데, 모두 실행 기능과 관련이 있다고 이야기했습니다. 그런데 왜 이 두 가지 고민을 같이 취급하는지 의아해할 수도 있습니다.

실행 기능에는 크게 두 가지 측면이 있습니다. 사실 '공부할 때 집중력이 오래가지 않는다'와 '유튜브를 보면 멈출 수 없다'는 각기 다른 측면의 고민입니다. 이 두 고민의 가장 큰 차이점은 욕구가 포함되느냐 안 되느냐의 여부입니다.

집중력이 오래가지 않는다는 고민은 눈앞에 닥친 공부에 몰입이 되지 않는 것입니다. 물론 스마트폰이나 만화책 같은 유혹 때문에 집중이 안 될 때도 있지만, 별다른 유혹이 없어도 집중하지 못할 수 있습니다. 한편 유튜브를 멈출 수 없다는 고민의 경우 유튜브를 보고 싶은 욕구가 있지만 그 욕구를 억제해야 하는 것이 과제입니다.

공부의 예처럼 욕구를 포함하지 않는 실행 기능은 '사고의 실행 기능'입니다. 유튜브처럼 욕구를 포함한 실행 기능은 '감정의 실행 기능'입니다.[2-1] 이 두 가지를 구분하는 것은 매우 중요합니다. 지금부터 무엇이 다른지 살펴보겠습니다.

성공의 비밀

유난히 공부에 집중하지 못하는 아이들이 있습니다. 공부가 하기 싫은 걸까요? 아니면 공부가 잘 안 되는 걸까요? 여러 가지 유혹이 공부를 방해할 수도 있지만, 실행 기능이 부족한 탓일 수도 있습니다. 아이가 공부를 못 하고 있는 이유가 무엇인지, 먼저 아이를 잘 관찰해보세요.

02

수학 실력, 사고의 실행 기능에 달렸다

공부에 집중하는 능력인 사고의 실행 기능에는 세 가지가 필요합니다. 바로 작업 기억, 억제 능력, 전환 능력입니다.[2-2]

작업 기억이란 짧은 시간 안에 정보를 기억하고 필요에 따라 그 정보를 변환하는 능력입니다. 예를 들어 레스토랑에서 아르바이트를 한다고 가정해봅시다. 네 명의 손님이 들어와 각각 필래프, 오므라이스, 나폴리탄 스파게티, 마르게리타 피자를 주문했습니다. 이때 당신은 어떤 손님이 어떤 요리를 주문했는지 주문한 음식을 가져다줄 때까지 기억해야 합니다. 또 첫 번째 테이블에 음식을 제공한 뒤 두 번째 들어온 다른 세 명의 손님으로부터 주문을 받는다면, 첫 번째 손님들의 주문 내용을 잊고 새로운 주문 내용을 기억해야 합니다. 이런 능력이 작업 기억입니다.

억제 능력은 여러 의미로 사용되지만, 여기에서는 집중력과 직접 관련된 내용만 살펴보겠습니다. 억제 능력은 자신에게 필요한 것만 바라보고 다른 것은 무시하는 능력을 말합니다. 예를 들어 컴퓨터 스크린에 물고기 다섯 마리가 나란히 있는데 가운데 물고기만 왼쪽을 향하고 나머지는 오른쪽을 향하고 있다고 가정해봅시다. 누군가 가운데 물고기가 어느 쪽을 향하고 있는지 묻는다면 대답하기 위해 나머지 물고기들의 방향은 오히려 방해가 되기 때문에 무시해야 합니다. 다시 말해 자신의 앞에 있는 것 중 필요한 일부만 바라보고 다른 것을 무시하는 능력이 억제 능력입니다.

전환 능력은 상황 변화에 따라 행동을 전환하거나 사고를 전환하는 능력입니다. 국어 수업이 끝나고 영어 수업이 시작된다면 머릿속을 국어에서 영어로 바꿀 수 있어야 합니다. 달리기 시합이 끝나고 축구 경기를 시작한다면 다른 종류의 달리기를 해야 합니다. 이러한 상황의 변화에 대응하는 능력이 전환 능력입니다.

사고의 실행 기능은 바로 이런 능력들을 포괄하는 개념으로, 주로 성취와 관련이 있습니다. 무엇보다 고등학생들의 고민이 몰리는 집중력과 밀접한 관련이 있기 때문에 이 능력을 잘 강화시키면 재미없지만 중요한 일, 다시 말해 공부 같은 것에 집중해야 할 때 도움이 됩니다.

특히 학업 능력 중에서는 수학 성적과 관련이 있습니다. 수학 문제를 풀려면 이미 알고 있는 개념과 연관된 공식을 빠르게 머릿속으로 불러내 문제에 맞게 변형시켜 사용해야 합니다. 도형 문제를 풀 땐 불필요한 정보들은 무시하고 필요한 정보만 선별해 집중해야 합니다. 도형 문제에서 함수 문제로 넘어갈 때는 생각의 전환이 이루어져야 합니다. 사고의 실행 기능이 중요하겠지요?

사고의 실행 기능은 수학뿐 아니라 다른 과목과도 연관이 있다는 연구 보고가 있습니다. 지금도 전 세계에서 실행 기능과 학업 능력이 어떻게 연결되는지 활발하게 연구 중입니다.

성 공 의 비 밀

수학 성적이 잘 나오지 않아 걱정이라면 사고의 실행 기능이 결여되어 있을 수 있습니다. 집중하지 못해 고민하고 힘들어 하는 아이를 무작정 책상에 앉히기보다 실행 기능 중에서도 특히 어떤 부분이 부족해서 어려움을 겪고 있는지 먼저 파악해야 합니다.

03

인간관계, 감정의 실행 기능이 핵심이다

쉽게 말해 유튜브를 계속 보고 싶은 욕구를 억누르는 힘이 '감정의 실행 기능'입니다. 다양한 욕구를 조절해 목표를 달성할 수 있도록 돕는 능력입니다. 공부를 하다 침대에 드러눕고 싶은 욕구를 억누르는 힘처럼 현재 공부를 방해하는 욕구를 포함한 실행 기능입니다. 여기서 말하는 욕구란 식욕, 수면욕, 성욕, SNS에서 '좋아요'를 받고 싶은 마음 등을 말합니다.

예를 들어 점심을 먹고 바로 수업이 시작되면 졸음이 물밀듯 밀려와 잠을 자고 싶은 생각이 굴뚝같아집니다. 동아리 활동 후 배가 고파지면 눈앞에 보이는 주먹밥이나 도넛을 먹고 싶은 욕구가 치솟습니다. 30분 뒤에 저녁 식사를 할 예정이지만요. 또 뭔가 재미있는 것을 발견하면 SNS에 올려서 '좋아요'를 많이 받고 싶어집니다.

이런 욕구가 생기는 것은 정상이지만 때로는 참을 수 있어야 합니다. 저녁에 패밀리 레스토랑에서 가족과 함께 식사하기로 했는데 당장 배가 고프다고 주먹밥이나 도넛을 먹으면 레스토랑의 식사를 즐기지 못할 가능성이 큽니다. 뭔가 재미있는 것을 발견했다고 해도 그것이 도덕적으로 문제가 있다면 SNS에 올리지 말아야 합니다. 당장 내일이 시험인데 졸음이 온다고 해서 만사 제쳐두고 잠에 들어서도 안 됩니다.

감정의 실행 기능은 인간관계 및 문제 행동과 관련이 있습니다. 감정의 실행 기능이 뛰어난 사람은 인간관계가 좋습니다. 타인에게 욱하거나 폭력을 사용하는 등의 문제 행동을 거의 하지 않기 때문입니다. 반대로 이 능력이 낮은 사람은 충동적으로 행동하는 경향이 있어 인간관계가 수월하지 않을 가능성이 높고 문제 행동도 많이 일으킬 수 있습니다.

행동뿐 아니라 건강과도 깊은 연관이 있습니다. 주먹밥의 예에서 볼 수 있듯이 식욕은 참기 어려운 욕구 중 하나입니다. 여러 연구 및 의학 서적에서 밝혀낸 내용에 따르면, 단 음식이나 탄수화물을 많이 함유한 음식은 중독을 일으키기 쉽습니다. 달달한 음식을 먹으면 즉각적으로 행복해지는 느낌을 받기 때문입니다. 하지만 단것을 먹고 싶다는 욕구를 조절하는 데 실패하면 비만으로 이어질 확률이 높고 건강이 나빠질 가능성도 있습니다.

성공의 비밀

욕구를 억제하는 건 십 대 아이들에게 매우 어려운 일일 수 있습니다. 충동적인 성향이 강한 시기이기 때문에 더더욱 그렇지요. 아이가 당장은 학업 성취도에 변화가 없더라도, 음식 조절하는 것을 우려가 될 정도로 어려워하거나, 잠에 너무 빠져들어 괴로워한다면 이를 해결하기 위해 부모가 적극적으로 도움을 주어야 합니다.

04

사고가 아니라 감정을 주시하라

이 시기 실행 기능의 중요성을 인식했다면 골든타임을 놓치지 않고 잘 키워주고 싶다는 생각이 들었을 겁니다. 그렇다면 사고와 감정, 두 가지 실행 기능 중 어떤 것에 더 초점을 맞춰야 십 대 시기를 성공적으로 보낼 수 있을까요?

실행 기능에는 사고와 감정이라는 두 가지 측면이 있는데, 둘 다 갓 태어난 아기 때는 발현되지 않습니다. 그래서 아기들은 욕구를 참지 못합니다. 배고프면 밥 달라고 울고, 졸리면 재워달라고 울지요.

실행 기능의 두 가지 측면 모두 3~6세 전후에 빠르게 발달합니다.[2-3] 발달에 따른 적절한 수행 시기가 있는 것입니다. 초등학교에 입학하면 수업 중에는 계속 자리에 앉아 선생님의 지시를 잘 듣고 따라야 합니다. 또 재미가 없거나 흥미가 없어도 미술이나 음악 수업을 들어야 합니다. 하기 싫은 교실 청소도 참고 해야 합니다. 실행 기능 덕분에 가능한 일입니다. 초등학생마다 개인차는 있지만, 기본적으로 사고의 실행 기능과 감정의 실행 기능은 나이가 들면서 꾸준히 발달합니다.

청소년기에도 사고의 실행 기능은 순조롭게 발달합니다. 초등학생보다 중학생, 중학생보다 고등학생이 사고의 실행 기능 능력이 더 높습니다. 학년이 오를수록 더 오래 앉아 공부할 수 있고, 점점 어려워지는 수학 문제를 풀 수 있는 이유입니다.

✦ 돈과 관련된 사고를 치는 이유

반면 청소년기에 접어들면 감정의 실행 기능에 큰 변화가 찾아옵니다. 그동안 뇌의 모든 영역이 문제없이 잘 발달하던 아이도 청소년기에 감정의 실행 기능이 일시적으로 정체되거나 저하됩니다. 이를 보여주는 연구가 있습니다. 바로 돈에 관한 연구입니다.

돈은 우리 인간에게 가치가 클 뿐 아니라 대다수 사람에게 욕구를 불러일으키는 대상입니다. 돈을 갖고 싶어 하는 마음은 사람이라면 누구나 가질 수 있는 자연스러운 감정이지만, 내가 처한 상황에 따라 그 마음을 통제해야 합니다.

하지만 돈에 눈이 멀어 친구들의 돈을 빼앗거나 부모님의 지갑에 손을 대는 등 불법 행위를 저지르는 학생들이 꽤 많습니다. 국가를 막론하고 초등학교 저학년 때는 일어나지 않던 사건들이 중고등학교에서는 흔히 벌어집니다.

돈에 눈이 머는 사례를 보여주는 유명한 실험이 있습니다. 우선 두 개의 상자를 준비하고 '당첨' 카드와 '꽝' 카드를 골고루 넣습니다. 참가자들은 상자에서 수십 번씩 카드를 뽑아야 하는데, 당첨 카드를 뽑으면 돈을 받고 꽝 카드가 나오면 돈을 빼앗깁니다. 이 실험은 진짜 돈을 사용하기도 하고 게임머니로 대체하기도 합니다.

여기서 중요한 점은 위험도가 높은 상자와 위험도가 낮은 상자가 있다는 것입니다. 위험도가 높으면 돈을 벌 가능성이 크지만 돈을 많이 잃을 가능성도 큽니다. 위험도가 낮으면 돈을 많이 벌지는 못하지만 큰 손해를 볼 일도 없습니다.

이 실험에서 위험도가 높은 상자를 선택해 당첨 카드를 뽑으면 큰 돈을 벌고(2,200원 이득), 꽝 카드일 때는 크게 손해(1만 1,000원 손실)를 봅니다. 위험도가 높은 상자 안에는 꽝 카드의 비율이 높기 때문에 이 상자를 계속 선택하면 결국 손해를 봅니다.

반면 위험도가 낮은 상자는 당첨 카드를 뽑았을 때 이익은 적지만(440원 이득) 꽝 카드를 뽑았을 때도 많이 잃지 않습니다(440원 손실). 이 상자는 당첨 카드의 비율이 커서 계속 선택하면 결국에는 조금일지라도 돈을 벌 수 있습니다.

실험 참가자들에게는 위험도가 높은 상자와 낮은 상자가 있다는 정보를 주지 않습니다. 참가자들은 앞에 놓인 두 상자에서 선택을 반복해 당첨 카드와 꽝 카드가 나오는 결과를 보면서 어떤 상자를 선택하는 것이 좋을지 생각해야 합니다. 카드를 여러 번 뽑은 결과, 이 상자는 당첨금은 높지만 꽝이 나올 경우 손실이 크고 꽝 카드가 나올 확률도 높다는 사실을 알아차리면 위험도가 낮은 상자를 선택하는 식으로 접근해야 합니다.

실험 초반에는 많은 참가자가 당첨 카드 한 번에 얻을 수 있는 이익이 큰 위험도 높은 상자를 선호합니다. 그러나 꽝 카드가 나왔을 때 손실이 크기 때문에 점차 위험도가 낮은 상자로 선택을 바꿉니다.

다양한 연령의 참가자들을 대상으로 실험을 한 뒤 결과를 비교했습니다. 그러자 초등학생과 대학생은 점차 위험도가 낮은 상자를 선택한 반면 중고등학생은 위험도가 높은 상자를 더 선호했습니다. 즉 청소년기는 위험이 큰 선택을 함으로써 결과적으로 손해를 볼 가능성이 더 컸습니다.

실행 기능의 발달이라는 관점에서 접근하면, 중고등학생은 건전한 선택이 아니라 얼핏 보기에 돈이 될 것 같은 위험한 선택을 한다는 점에서, 초등학생보다도 감정의 실행 기능이 떨어진다는 사실을 알 수 있습니다.

성공의 비밀

청소년기에 감정의 실행 기능이 일시적으로 정체되거나 저하되는 건 정상적인 일입니다. 그렇다고 절도나 도박 같은 불법적인 행위를 하는 것을 지켜보기만 해서는 안 되겠지요? 감정의 실행 기능이 떨어질 수 있다는 점을 유념하면서 아이가 위험한 선택을 하지 않도록 도와야 합니다.

05

뇌의 브레이크가 고장난다

요즘 십 대들은 발달한 온라인을 통해 범죄 행위에 연루되는 경우가 많습니다. 이 문제는 매우 심각합니다. 부모 세대는 쉽게 접근하기 어려웠던 도박뿐 아니라 향정신성 의약품에도 쉽게 접근합니다. 도대체 왜 십 대들은 그렇게 위험한 행동을 서슴지 않고 하는 걸까요? 이는 십 대 시기에 일어나는 뇌 발달과 관련이 있습니다. 먼저 십 대의 뇌에 나타나는 전반적인 생물학적 변화에 대해 간단히 이야기해보겠습니다.

십 대 시기에는 초등학생 때보다 마음과 뇌에 급격한 변화가 나타납니다. 이는 안드로겐, 에스트로겐 등 성호르몬의 농도가 체내에서 급격히 증가하기 때문입니다. 여기에서는 생물학적 메커니즘을 자세히 다루진 않겠지만, 간단히 설명하면 시상하부와 뇌하수체라는 뇌 영역의 작용으로 성호르몬이 분비되어 체내 다양한 부위로 전달됩니다.

그중 감정과 관련이 있는 뇌의 부위인 대뇌변연계에 성호르몬이 영향을 줍니다. 특히 욕구와 관련된 영역에 상당한 영향을 미칩니다. 이 영역은 어떤 대상이 자신에게 보상(보수)을 해줄 때 작용하므로 '보수계 회로'라고 불립니다.

감정의 실행 기능을 뇌의 영역으로 단순화해서 보면 두 영역으로 구성되어 있습니다. 하나는 보수계 영역이고, 다른 하나는 보수계 영역의 기능을 조절하는 외측 전전두엽을 중심으로 한 영역입니다.

예를 들어 케이크처럼 좋아하는 음식이 눈에 들어오면 보수계 회로가 작동합니다. 그런데 2시간 뒤에 가족과 저녁을 먹기로 했습니다. 케이크를 참아야겠지요? 그러면 보수계 회로의 활동을 조정하기 위해 외측 전전두엽이 활성화됩니다. 외측 전전두엽이 브레이크를 걸어주는 역할을 하는 셈이지요.

반면 좋아하지 않는 음식이 있을 때는 보수계 회로가 활동하지 않습니다. 따라서 외측 전전두엽은 보수계 회로를 제어할 필요가 없습니다. 데친 브로콜리가 눈앞에 있다고 가정해봅시다. 딱히 배가 고프지도 않고 좋아하지도 않아 먹고 싶은 생각조차 들지 않습니다. 이때는 보수계 회로가 작동하지 않겠죠?

당연히 외측 전전두엽의 활동도 저하됩니다.

초등학생 때는 보수계 회로의 기능과 외측 전전두엽의 기능 사이에 균형이 잘 잡혀 있지만, 십 대에는 이런 균형이 무너집니다. 성호르몬의 영향으로 보수계 회로의 활동이 너무 강해지면서 외측 전전두엽이 제대로 조절하지 못하게 된 겁니다. 브레이크가 약해진 결과 충동적으로 행동하게 되는 것입니다.

참고로 사고의 실행 기능은 외측 전전두엽과 후두엽이라는 뇌 부위가 중심적인 역할을 합니다. 즉 사고의 실행 기능에는 보수계 회로가 관여하지 않기 때문에 십 대 시기에도 저하되지 않습니다.

이처럼 십 대 아이들이 성적은 그럭저럭 유지하더라도 불쑥 충동적인 행동을 하거나, 욕구를 참기 어려워하는 것은 어느 정도 어쩔 수 없는 일입니다. 이 점을 기억하세요.

성공의 비밀

십 대 아이들의 행동에 의문을 품기 전에 실행 기능에 대해 먼저 이해할 필요가 있습니다. 위험한 행동을 하는 이유는 아이가 비뚤어지려는 의지가 강해서라기보다 뇌 기능의 불균형이 크게 작용하기 때문입니다. 어느 정도는 뇌 발달 과정 중에 나타나는 일시적인 현상이라고 생각해주세요.

06

충동성이 미래를 바꾼다

십 대 시기에 실행 기능을 제대로 작동하게 하는 건 어렵지만, 여기에는 개인적인 차이가 존재한다는 사실도 알고 있어야 합니다. 어떤 아이는 매우 충동적이지만 그렇지 않은 아이도 있습니다.

많은 부모가 충동적인 경향은 십 대의 특징이고 개인차가 있을 수 있어 가볍게 여기는데, 충동성을 그냥 넘겨서는 안 됩니다. 십 대에 충동적인지 아닌지가 그 사람의 미래 모습과 삶의 질에 거대한 영향력을 끼칠 수 있기 때문입니다.

뉴질랜드에서 연구한 보고서 내용을 살펴보겠습니다.[2-4] 이 연구는 더니든이라는 마을에서 1년간 태어난 약 1,000명의 아기를 대상으로 그들의 생애를 추적했습니다. 어린 시절의 어떤 요인이 그 사람이 성인이 되었을 때의 소득과 직업, 건강에 영향을 미치는지 조사하는 종단 연구입니다.

이 연구 참여자들은 약 3년에 한 번씩 설문조사를 받았습니다. 어린 시절은 몰라도 성인이 되면 뉴질랜드뿐 아니라 세계 각국으로 이주하기 때문에 계속 설문조사에 참여하기가 쉽지 않습니다. 그럼에도 불구하고 33세 시점에 참여한 비율을 보면 원래 참여자의 약 90%가 조사에 응했습니다. 이 연구의 신뢰도가 높다고 평가받는 이유입니다.

조사 결과, 어릴 때 실행 기능이 높았던 사람은 낮았던 사람보다 33세가 되었을 때 더 많은 소득을 올리고, 사회적 지위가 높은 좋은 직업을 가지고 있었으며, 건강 상태가 양호한 것으로 나타났습니다. 이는 지능지수와 가정의 경제 상태 등 연간 소득과 사회적 지위에 영향을 미칠 수 있는 다른 요인을 통계적으로 배제하더라도 실행 기능의 영향력을 알 수 있다는 점에서 의미가 매우 큽니다.

이 조사는 어린 시절 실행 기능의 중요성뿐 아니라 십 대 시기의 실행 기능이 얼마나 중요한지도 보여줍니다. 십 대 아이들은 다양한 유혹에 취약합니다. 술, 담배는 물론 약물에까지 손을 대는 아이도 꽤 많습니다.

이 연구에서는 십 대에 술이나 담배에 손을 댄 사람과 그렇지 않은 사람이 성인이 되었을 때 어떻게 되는지도 비교했습니다. 그 결과 십 대에 술이나 담배를 하지 않은 사람은 그렇지 않은 사람보다 연봉이 높고 건강 상태가 좋았습니다. 이는 십 대에 욕구와 유혹 등 충동성을 잘 억제하고 조절하면 그렇지 않은 사람보다 성공적인 미래와 행복한 삶을 맞이할 수 있다는 것을 의미합니다.

우리 아이들에게도 술이나 담배 등 다양한 유혹이 생길 겁니다. 십 대는 유혹에 넘어가기 쉬운 시기이지만 그 유혹을 이겨낼 수 있느냐 없느냐가 미래에 큰 영향을 줍니다. 사소한 유혹을 이기는 힘이 얼마나 대단한 건지 아이에게 이야기해주어야 합니다.

성공의 비밀

아이가 성장하면서 충동적인 행동을 하는 모습을 목격할 겁니다. '이 시기가 지나면 충동성도 줄어들겠지'라는 생각으로 간과해서는 안 됩니다. 아이가 더 나은 미래로 향할 수 있도록 돕는 것은 부모의 의무이자 역할입니다. 아이가 유혹에 잘 버틸 수 있는 힘을 기를 수 있도록 옆에서 도와주세요.

07

위험한 행동은 나쁘기만 할까?

지금까지 십 대는 유혹에 빠지기 쉽고 지나치게 위험을 감수하는 경향이 있다고 했지만, 그렇다고 해서 십 대가 불안정한 시기이기만 한 건 아닙니다. 십 대가 위험을 쉽게 감수하는 시기라는 사실은 분명하지만, 관점을 달리하면 중고등학생은 위험을 감수할 능력이 있다고도 해석할 수 있습니다.

사실 성인들은 위험을 감수하는 행위를 선호하지 않습니다. 예를 들면 나이가 많을수록 저축과 투자 중 저축을 선택하는 사람이 많습니다. 하지만 자산을 늘리려면 적절한 위험을 감수하더라도 투자를 해야 합니다. 물론 너무 많은 위험을 감수하면 파산 위기에 처할 수도 있지만, 어느 정도 위험을 감수하지 않으면 큰돈을 벌 수 없습니다. 이런 경향을 지닌 성인과 비교할 때 십 대는 위험을 감수할 수 있고 그에 따라 새로운 길을 열 가능성도 있습니다.

십 대는 독립을 준비하는 시기입니다. 초등학생 때와 달리 진로부터 친구나 연인을 선택하는 것까지 다양한 결정을 스스로 해야 합니다. 예를 들어 아이가 프로 운동선수로 진로를 정했다고 가정해봅시다. 그 선택에는 생각보다 큰 위험이 따릅니다. 프로 운동선수로 성공하는 사람은 극소수이며 많은 선수가 몇 년 안에 프로의 세계를 떠납니다. 위험을 감수하고 싶지 않은 부모와 주변 어른들은 아이가 프로 운동선수가 되겠다고 할 때 마냥 기뻐하지 않을 수 있습니다.

하지만 프로 운동선수가 되기 위해 노력하면서 얻는 경험과 인맥은 평범한 학생으로서는 쉽게 얻을 수 없는 것들입니다. 비록 프로 운동선수가 되지 못하더라도 그동안 쌓은 경험을 바탕으로 운동선수를 지원하는 직업을 가질 수 있습니다. 또 관련된 다른 분야에서 얼마든지 활약할 수도 있습니다.

부모 입장에서는 외국 학교에 진학하겠다는 아이의 선택도 다소 불안하게 느껴질 수 있습니다. 낯선 환경에서 낯선 언어로 공부하는 것이 반드시 성공으로 이어진다는 보장이 없기 때문입니다. 국내 학교에서처럼 절친한 친구를 만드는 게 어려울 수도 있습니다. 하지만 외국 학교에서 열심히 노력한다면 세계에서 활약할 기회를 더 많이 잡을 수 있기 때문에 위험을 감수하는 학생들이 많습니다.

너무 많은 위험을 감수하면 불안해지는 것 또한 사실입니다. 예를 들어 성인이 되기 전에 술을 마시고 담배를 피우는 행위는 그저 해악만 높을 뿐입니다. 심지어 마약에 손대는 청소년도 많은데 이런 행위 역시 위험성만 높을 뿐 득이 되지 않습니다. SNS에서 부도덕한 행동을 한 것이 법적 문제로 이어지면 한순간 충동성의 결과로 큰 대가를 치러야 할 수 있습니다.

이때 부모의 역할은 십 대라는 시기가 위험을 쉽게 감수하는 경향이 있다는 사실을 인지하고, 아이가 어떤 상황에서 어떤 선택을 하는지 가까이에서 지켜보는 것입니다. 어떤 상황이 위험을 감수할 만한 가치가 있는지 아이와 함께 이야기 나누는 시간을 갖는 것도 필요합니다.

성공의 비밀

아이가 하는 위험한 행동에 대해 나쁘게만 보지 마세요. 관점을 달리해 위험을 감수할 능력을 충분히 갖추고 있는 중이라고 생각해봅시다. 다만 얻는 것 없이 위험성만 높은 행동이라면 당장 '스톱'을 외치고, 위험을 감수할 만한 가치가 있는 행위인지 아이와 함께 서로의 의견을 나눠보세요.

08

졸음과의 사투가 시작된다

아침에 못 일어나 침대에서 꾸물거리고, 책상 앞에서 병든 닭처럼 꾸벅꾸벅 조는 아이를 보면 답답한 부모들이 많을 겁니다. 하지만 당사자인 아이들도 잠에 대한 고민이 많습니다. 솔직히 말하면 저 역시 청소년기에 잠과 사투를 벌였습니다. 특히 고등학생 때는 수업 시간에 잠이 들어 선생님에게 혼나는 일이 다반사였지요. 수업 중에 잠이 쏟아지면 이겨내기가 참 쉽지 않습니다.

일과 중에 잠이 쏟아지는 이유를 의학적인 관점에서 보면, 탄수화물이 많은 음식을 먹었을 때 혈당치가 올라갔다 떨어지는 과정에서 졸음이 올 수 있습니다. 성인의 경우 수면 무호흡

증이 있는 사람은 평소 숙면을 하지 못하기 때문에 일상생활을 하는 중에 잠이 쏟아지기도 합니다. 이 외에도 졸음이 오는 원인은 여러 가지가 있습니다. 다만 이 내용은 제 전문 분야가 아니므로 여기에서는 십 대 시기에 보편적으로 나타나는 수면의 특징을 살펴보겠습니다.

그 전에 우리가 꼭 알아야 할 사실이 있습니다. 청소년기에 '수면 부족'만큼은 피해야 한다는 겁니다. 수면은 뇌 발달에 중요한 역할을 합니다. 수면 중에는 낮동안의 기억이 머릿속에 정착되고 뇌 사이의 불순물이 정화됩니다. 하지만 잠이 부족하면 학업 능력이 저하되고 정신 건강이 악화되며 비만으로까지 이어질 수 있습니다. 수면 부족은 몸과 마음에 큰 적이라는 사실을 명심하세요.

✦ 아이들이 학교에서 조는 까닭

문제는 여러 통계에서 중고등학생 대부분이 수면이 부족하다고 보고되었다는 점입니다. 한 조사에 따르면, 고등학생의 50%가 수면 시간이 6시간 이하라고 합니다. 만약 아이가 자는 시간이 6시간 이하라면 수업 중에 잠이 오는 게 당연합니다.

'잠을 충분히 자야 한다는 건 잘 알지만 공부도 해야 하고 과제도 해야 해서 아이가 푹 잘 시간이 별로 없어요. 그래서인지 아침에는 이불 속에서 빠져나오기 힘들어해요'라는 소리가 들리는 듯합니다. 실제로 초등학생 때와 비교해 십 대 시기에는 수면 리듬이 달라진다는 연구가 있습니다.

우리의 뇌, 특히 '시교차상핵SCN, Suprachiasmatic Nucleus'이라는 영역에는 하루의 리듬을 새기는 이른바 '체내 시계'가 있습니다. 체내 시계와 실제 밤낮은 조금 차이가 있지만, 태양광 등의 빛이 눈을 거쳐 시교차상핵에 도달함으로써 체내 시계와 실제 밤낮의 차이를 줄입니다.

저녁이 되어 해가 지면서 시교차상핵에 빛이 도달하지 못하면 그 정보가 뇌의 송과체라는 영역에 전달되어 멜라토닌이 분비됩니다. 멜라토닌이 분비되면 졸음이 오기 시작합니다. 아침이 되어 해가 뜨면 빛이 시교차상핵에 닿아 멜라토닌 분비가 줄어듭니다. 그러면 잠에서 서서히 깨게 됩니다. 멜라토닌이 분비되면 잠이 오고, 멜라토닌 분비가 중단되면 잠에서 깨는 거죠.

그런데 한 연구에 따르면, 십 대 때는 아침에도 멜라토닌이 분비될 가능성이 있다고 합니다. 특히 음모가 생기는 등 사춘기의 징후로 여겨지는 신체적인 변화가 진행되는 청소년기일수록 멜라토닌 분비가 잘 멈추지 않습니다. 이로 인해 아침에 눈을 뜨기 어렵다는 설명입니다.

성인이 되면 이런 신체적 변화가 나타나지 않기 때문에 부모나 선생님들은 아침에 그만큼 졸리지 않습니다. 그런 어른들이 보기엔 아침에 꾸벅꾸벅 조는 중고등학생은 정신이 해이하다고 생각할 수 있지만, 사실은 생물학적인 이유 때문입니다.

미국에서는 수면과 수업 시작 시간에 관한 실험을 다수 진행한 바 있습니다. 아침 일찍 수업을 시작하는 학교에서 등교 시간을 30분 늦추면 학생들의 학습 의욕과 학업 성적이 좋아진다는 결과가 반복적으로 보고되었습니다. 제가 고등학생일 때는 1교시 전에 보충수업 시간이 있었지만 졸려서 집중하기 쉽지 않았습니다. 잠에 있어서만큼은 졸려 하는 아이가 문제가 아니라 학교의 시계가 문제인 듯합니다.

성 공 의 비 밀

잠과의 전쟁을 치르는 십 대 아이들이 많습니다. 밀려드는 졸음을 이겨내지 못하는 아이를 보며 답답해했다면 이제는 다른 마음으로 아이를 바라봐주세요. 부족한 수면 시간과 생물학적인 이유로 꾸벅꾸벅 조는 걸지도 모릅니다. 청소년기 아이에게 진정 필요한 것은 충분한 수면입니다. 6시간 이상 숙면을 할 수 있도록 일정을 함께 조정해보세요.

0 9

꾹 참는 게 좋은 것만은 아니다

지금까지 십 대의 실행 기능의 특징에 대해 살펴봤습니다. 이런 이야기를 하면 '역시 모든 일에는 인내가 중요하다'는 근성론처럼 들릴 수 있습니다. 그래서인지 "아, 그럼 인내심이 중요하다는 거죠?"와 같은 질문을 많이 받습니다.

우선 '실행 기능이 중요하다'는 것과 '인내심이 중요하다'는 것에는 차이가 있습니다. 실행 기능은 '목표를 달성하기 위해' 필요한 능력입니다. 여기에서 가장 중요한 점은 자신만의 목표를 가지고 그 목표를 달성하기 위해 노력하는 것입니다. 때로는 인내심이 필요한 순간도 있겠지만 그건 하나의 수단에 불과합니다. 더 구체적으로 말하면 자신의 목표를 달성하기 위해 스스로 인내를 '선택'할 수 있는 능력이 실행 기능이라고 할 수 있습니다. 부모나 선생님 또는 선배로부터 강요받아 억지로 끄집어내는 인내심은 전혀 중요하지 않습니다. 이 부분을 혼동하지 말아야 합니다.

✦ 계속해서 참기만 할 수 있는 사람은 없다

인내와 관련된 이야기를 더 해보겠습니다. 어떤 욕구를 참아야겠다고 생각하더라도 계속해서 꾸준히 인내하기란 여간 어려운 일이 아닙니다. 실제로 실행 기능은 이른바 '정해진 용량'이 있어서 실행 기능을 한 번 사용하면 그 이후에는 점점 작동이 안 된다고 합니다.

예를 들어 숙제를 하고 있는데 친구에게 카톡이 왔습니다. 카톡을 보면 바로 답장을 쓰고 싶어질 게 분명합니다. 그러면 집중력이 흐트러질 게 뻔해 확인하지 않고 한 번 참습니다. 숙제를 이어 계속하는데 이번에는 출출해졌습니다. 그런데 카톡을 보고 싶은 욕구를 한 번 꾹 참은 다음이라 과자를 먹고 싶은 마음은 참기가 어렵습니다. 결국 과자를 가지러 부엌에 갔다가 책상 앞으로 돌아오지 못하는 상황이 발생합니다.

다 때려치우고 놀고 싶은 것을 참고, 남이 들으면 불쾌해할 만한 말을 하고 싶어도 참는 등의 실행 기능은 학업 능력뿐 아니라 교우관계와도 관련이 있습니다. 다시 말해 실행 기능이 십 대의 전반적인 생활을 좌우할 수 있다는 뜻입니다. 그런데 무작정 어떤 욕구를 참는다고 해도 끝까지 참을 수 없다는 점을 인지해야 합니다. 그래서 무엇에 집중할지 결정하고 강약을 조절하는 방법을 익혀야 합니다.

실행 기능은 앞으로 소개할 지구력, 감정 지능, 향사회적 행동과도 관련이 있습니다. 그래서 실행 기능을 훈련하는 것은 다른 다양한 비인지 능력을 키우는 훈련으로 이어질 수 있습니다.

비인지 능력은 지능보다 교육이나 훈련에 따라 좀 더 변화할 여지가 많습니다. 앞서 언급했던 뉴질랜드 더니든에서 실시한 연구 결과에 따르면 어릴 때의 지능지수와 성인이 되었을 때의 지능지수는 큰 차이가 없지만, 실행 기능의 경우 변화가 큰 것으로 나타났습니다.

어릴 적 지능지수가 높은 사람은 성인이 되어도 지능이 높은 경향을 보였지만, 실행 기능의 경우 어릴 때와 성인이 된 후의 상관관계가 다소 약한 것으로 조사됐습니다. 즉 어릴 때 실행 기능이 낮더라도 성인이 된 후에는 높아질 가능성이 있다는 말입니다.

다만 성인의 경우 실행 기능을 개발한다고 확실히 좋아진다는 보장은 없습니다. 실제 성인을 대상으로 실행 기능이나 그와 유사한 능력을 개발하기 위한 연구들이 진행됐습니다. 뇌 트레이닝처럼 이미 일반인에게 상용화된 프로그램도 있습니다.

그런데 성인을 대상으로 한 연구들을 종합해 보면, 노력한다고 해서 반드시 실행 기능이 좋아진다고 확신할 수 없다는 결론으로 이어집니다. 전문가들 사이에서도 성인의 실행 기능은 훈련을 통해 좋게 만들 수 있다고 주장하는 쪽과 훈련으로 불가능하다고 주장하는 쪽이 첨예하게 대립하고 있습니다. 물론 100% 장담할 수 없지만 성인이 된 뒤에는 실행 기능을 키우려는 시도가 이미 한발 늦었을 가능성을 염두에 둬야 합니다.

✦ 실행 기능을 키우는 법

실행 기능을 키우려면 성인이 되기 전, 즉 십 대가 적기입니다. 그럼 어떻게 키울 수 있을까요? 가장 좋은 방법은 규칙적으로 운동을 하는 것입니다. 한 연구에서 초등학생을 대상으로 방과 후에 규칙적으로 운동을 시키자 체력이 향상되었을 뿐 아니라 실행 기능이 좋아진 것을 확인할 수 있었습니다. 특히 새롭고 복잡한 동작으로 구성된 운동이 실행 기능을 높이는 데 효과적이었습니다.

축구와 테니스처럼 움직임이 많은 운동도 실행 기능을 높여주는 것으로 확인됐습니다. 국내에서 진행된 연구에서도 테니스를 오래 친 사람일수록 사고의 실행 기능이 높다는 결과가 나왔습니다.[2-5]

이때 주의해야 할 점이 있습니다. 무턱대고 아무 운동이나 한다고 해서 누구나 실행 기능이 일정 수준으로 좋아지는 건 아닙니다. 운동의 효과는 그 운동을 좋아하는지에 따라 달라집니다. 즉 운동을 좋아하는 사람은 그 운동을 함으로써 실행 기능이 높아질 가능성이 크지만, 그 운동을 싫어하는 사람의 경우 운동을 해도 실행 기능이 높아지지 않을 수 있습니다. 오히려 실행 기능이 저하될 수 있다는 주장도 있습니다.

사람들은 본인이 해보고 좋았던 것을 다른 사람에게 강요하는 경향이 있습니다. 부모라면 자녀에게 더더욱 그러기 쉽습니다. 하지만 나에게 좋은 것이 내 아이에게도 무조건 좋을 거라는 생각은 버려야 합니다.

운동 외에도 음악 역시 실행 기능에 좋은 영향을 미칩니다. 이뿐만이 아닙니다. 기억력과 지능 등 아이의 뇌 발달에 긍정적인 영향을 미칩니다. 한 연구에 따르면 피아노와 바이올린 같은 악기 연주는 다양한 움직임과 뇌 활동이 필요한 협조 운동이며, 음악에 의해 뇌 리듬이 조절된다고 합니다.

그 밖에 주의를 집중하고 마음의 안정을 찾는 데 도움을 주는 명상과 요가도 아이의 실행 기능에 좋은 영향을 줍니다.

✦ 실행 기능을 발휘할 환경을 세팅하라

실행 기능이 중요하다는 사실을 알아도 막상 훈련을 통해 키우는 일은 간단하지 않습니다. 시간이 필요한 일이라 오랜 기간 노력해야 합니다. 규칙적인 운동이나 음악 등을 꾸준히 하면서 언제, 어떤 상황에서 실행 기능을 사용할지 항상 생각하고 행동해야 합니다.

우선 우리 아이에게 참을 수 없는 상황이 학교인지 집인지, 아니면 공부 중인지 휴식 중인지 생각해봅시다. 또 아이가 무엇을 참기 힘들어하는지도 알아야 합니다. 그것이 유튜브인지 SNS인지 간식인지 살펴봅시다.

그런 점들을 파악한 후 아이에게 있어서 중요한 것만 참을 수 있도록, 별로 중요하지 않은 문제는 참지 않아도 되게끔 환경을 조성해봅시다. 예를 들어 책상이 어질러져 있으면 공부에 집중하기 어렵습니다. 아이의 주변 환경을 최대한 깔끔한 상태를 유지하는 식으로 하나씩 바꾸는 방법을 추천합니다. 가능하면 스마트폰이나 태블릿 기기도 공부하는 중에는 눈에 들어오지 않는 곳이나 잠금장치가 있는 곳에 두는 게 좋습니다. 과자도 마찬가지입니다. 이렇게 해서 아이 스스로 실행 기능을 중요한 데 사용할 수 있도록 돕는 것이 중요합니다.

성 공 의 비 밀

성인과 달리 아이의 실행 기능은 다양한 방법으로 충분히 키울 수 있습니다. 축구와 테니스처럼 움직임이 많고 복잡한 동작을 할 수 있는 운동을 규칙적으로 하도록 이끌어주세요. 운동하는 걸 싫어한다면 악기를 배우는 것을 제안해보는 것도 좋습니다.

2장 핵심 노트

- 실행 기능은 목표를 이루기 위해 방해물을 견뎌내고 해야 할 일을 하는 힘입니다. 실행 기능에는 '사고의 실행 기능'과 '감정의 실행 기능' 두 가지가 있습니다.

- 사고의 실행 기능에는 작업 기억, 억제 능력, 전환 능력이 필요합니다. 주로 학업 능력과 연결되고, 특히 수학 성적과 밀접한 관련이 있습니다.

- 목표 달성을 방해하는 욕구를 억누르는 힘이 감정의 실행 기능입니다. 다양한 욕구를 조절해 목표를 달성할 수 있게 돕는 능력입니다.

- 사고의 실행 기능은 나이가 들면서 꾸준히 발달하지만, 감정의 실행 기능은 청소년기에 일시적으로 정체되거나 저하됩니다.

- 십 대 시기는 위험을 감수하는 경향이 강하지만, 이는 위험을 감수할 능력이 있다고도 해석할 수 있습니다. 상황에 따라 어떤 선택이 위험을 감수할 만한 가치가 있는지 잘 생각해야 합니다.

청소년기에 수면 부족은 꼭 피해야 합니다. 수면은 뇌 발달에 중요한 역할을 하기 때문입니다. 수면 부족은 학업 능력 저하, 정신 건강 악화, 비만을 유발할 수 있습니다.

성인과 달리 십 대는 실행 기능을 키울 수 있습니다. 축구와 테니스 등 규칙적인 운동이나 악기 연주, 명상, 요가 등이 실행 기능을 높이는 데 도움을 줍니다.

3장

지구력,
열정을 갖고 노력하는 능력

십 대는 장래의 목표를 두고 계속 고민하는 시기입니다. 하지만 먼 훗날의 일을 현실적으로 생각하기가 쉽지 않지요. 아직 세상살이에 대한 이해도가 낮고 자기 능력에 대한 확신이 없으며, 긴 시간을 투자해서 큰 성공을 맛본 경험이 적기 때문입니다. 그래서 눈앞에 닥친 시험을 대비하는 데에만 급급해하거나 그마저도 미뤄두고 게임 같은 자극적인 것에 몰두합니다. 그런 모습을 옆에서 지켜보는 부모는 걱정이 앞섭니다. 높은 성취를 이루려면 재미없는 일을 이겨내는 과정을 거쳐야 한다는 걸 알기 때문입니다. 이번 장에서는 실행 기능과 유사하지만 반드시 지녀야 하는 '지구력'에 대해 이야기하겠습니다.

01

포기하지 않는 재능

"고등학생이 되니 부모님뿐 아니라 선생님, 친구들까지 대학에 가려면 이제는 본격적으로 공부해야 한다고 이야기해요. 공부에 완전히 손 놓았던 친구도 자율학습을 신청해서 죽어라 책상 앞에 앉아 있어요. 그런데 전 미래에 무슨 일을 하고 싶은지 아직 잘 모르겠어요. 당연히 가고 싶은 대학도 없죠.

요즘은 학교 끝나면 공부보다 춤추는 데 시간을 더 많이 쓰는 것 같아요. 프로 댄서가 되긴 힘들 것 같지만 춤추면 시간이 빨리 가고, 연습하면 조금씩 나아지니까 재미도 있어요. 그런데 공부는 왜 그렇게 재미없고 하기 싫을까요?"

끈기 이야기를 하면 십 대 아이들은 별로 좋아하지 않을 것 같습니다. 부모 세대 때나 통용되던 케케묵은 말 아니냐고 얘기할 수도 있습니다. 예를 들어 운동 또는 음악 레슨을 받기 위해 아이를 처음 학원에 보냈는데, 원장님이 "끈기를 갖고 열심히 노력하면 못 할 게 없다"라고만 강조한다면 그다지 프로페셔널해 보이지 않을 겁니다. 그러나 사실 최상위를 가르는 것은 기술적인 부분이 아니라 정신적인 부분입니다. 모든 사람이 열심히 하는 세상입니다. 차이는 한 끗에서 나오고, 그 차이를 만드는 것은 정신력이지요. 연구 결과들도 이를 뒷받침합니다.

✦ 지구력을 측정하는 법

끈기와 지구력은 같은 말입니다. 지구력과 가장 관련이 깊은 심리학 개념으로는 '그릿Grit'을 꼽을 수 있습니다. Groth(성장), Resilience(회복력), Integrity(성실성), Tenacity(끈기)의 약자로, 열정과 꾸준히 노력하는 능력을 포함합니다.

그릿 = 성장 + 회복력 + 성질성 + 끈기

그릿은 실행 기능과 마찬가지로 목표를 달성하는 데 반드시 필요한 힘입니다. 특히 원대한 목표나 장기 목표를 달성하고자 할 때 끝까지 해내는 힘인 끈기와 회복력, 성실성, 성장에 대한 동기를 포함한 열정, 그리고 노력과 근성이 더해진 강력한 능력입니다.

알기 쉽게 마라톤을 예로 들어보겠습니다. 마라톤은 42.195km라는 매우 긴 거리를 달려야 하는 무척 힘든 경기입니다. 평생 도전해본 적 없는 사람이 더 많은 운동이죠. 그래도 매해 수많은 사람이 경기에 참여합니다. 이 경기에 출전하는 목표는 사람마다 다릅니다. 완주를 목표로 하는 사람이 있는가 하면, 어떤 사람은 개인 신기록이나 대회 신기록을 목표로 달립니다. 누군가는 기부 캠페인에 참여하고자 기부 마라톤을 뛰기도 합니다. 각자 목표는 다르지만, 자신만의 목표를 위해 침착하고 끈기 있게 열정을 갖고 도전할 수 있는가가 그릿의 힘에 달려 있습니다.

그릿은 몇 가지 질문으로 측정할 수 있는데, 아래는 측정하는 문항 중 일부입니다.[3-1]

- **나는 실패해도 실망하지 않고, 포기하지 않는다.**
- **나는 무엇이든 시작한 일은 반드시 끝낸다.**
- **나는 좌절을 딛고 중요한 도전에 성공한 적이 있다.**

문항을 보면 알겠지만 어떤 일을 할 때 열심히 하는지, 하나의 일을 꾸준히 할 수 있는지, 목표를 달성하기 위해 덜 중요한 일을 조정할 수 있는지 등을 통해 그릿의 정도를 측정합니다.

하나의 목표를 정하고, 그것을 위해 매진할 수 있는 능력이 있다면 그 어떤 어려운 일도 해낼 수 있습니다. 부모라면 단기적으로 성적을 올리기 위해 애쓰기보다 아이의 그릿을 키워주는 데 집중해야 합니다.

✦ 실행 기능과 지구력은 무엇이 다른가

지구력과 실행 기능은 몇 가지 유사점이 있어 종종 혼동되는데, 사실은 다른 능력을 지니고 있습니다. 어떤 점이 다른지 살펴보겠습니다.

'인내'라는 용어는 지구력과 실행 기능을 모두 포함합니다. 예를 들어 "과자가 먹고 싶어도 참아"라는 말은 과자를 먹고 싶은 욕구를 억제하라는 의미로, 실행 기능의 작동을 의미합니다. 반면 축구 경기를 할 때 2:1로 이기고 있는데 갑자기 선수 두 명이 빠지면서 위기에 놓였습니다. 이런 힘겨운 상황에서 "버텨!"라고 말한다면 불리해진 상황을 극복하기 위해 끈질기게 수비하라는 의미로 지구력에 가깝습니다.

비슷한 의미 같지만 서로 다른 지구력과 실행 기능은 성공하려면 반드시 필요한 능력입니다. 두 능력을 모두 갖추기 위해서는 먼저 둘의 능력 차이를 알아야겠지요? 하나는 목표 수준입니다. 일반적으로 실행 기능은 일상적인 목표를 향할 때, 지구력은 장기적이고 원대한 목표를 이루고자 할 때 동원되는 능력입니다.

예를 들어 아이가 '지망 대학 합격'이라는 목표를 세웠다고 가정합시다. 이때 대학 합격은 장기적이고 큰 목표입니다. 이 목표를 이루기 위해서는 여러 개의 작은 목표들을 순차적으로 이뤄나가야 합니다. 즉 수학 성적 올리기, 동아리 활동하기, 봉사활동 시간 늘리기 등의 작은 목표를 세우고 달성해야 합니다. 장기 목표와 단기 목표의 차이를 명확히 알고, 큰 목표를 달성하기 위해 작은 목표를 세우며, 어떠한 상황에서도 목적지를 잊지 않는 힘이 필요합니다. 이것이 지구력입니다.

반면 실행 기능은 큰 목표와 작은 목표 사이에 연결고리가 없습니다. '오늘은 간식을 많이 먹었으니 빵은 먹지 말자'처럼 눈앞의 일상적인 목표를 세우고 달성하는 데 필요한 능력입니다.

지구력과 실행 기능의 또 다른 차이는 어떤 행동을 선택하느냐입니다. 어떤 목표가 있을 때 우리는 두 가지 행동을 선택할 수 있습니다. 하나는 지금 하고 싶지만 해서는 안 되는 행동, 또 하나는 지금 별로 하고 싶지 않지만 하면 더 좋은 행동입니다.

살을 빼겠다는 목표를 세웠다고 칩시다. 다이어트를 해야 한다는 생각은 굴뚝같은데 저녁을 간단하게 먹은 데다 심심하기도 합니다. 이 사람은 치킨을 시킬 수도 있고, 운동화를 신고 뛰러 나갈 수도 있습니다. 이때 치킨 시키는 것을 억제하는 데는 실행 기능이 필요합니다. 반면 귀찮고 눕고 싶지만 운동화를 신고 나감으로써 다이어트라는 목표에 다가가게 하는 힘은 지구력입니다.

쉽게 말해 실행 기능은 자신이 하고 싶거나 무심코 하는 행동을 조절해 목표를 달성하는 능력입니다. 지금 무심코 앱을 켜서 게임하고 싶은 마음을 누르는 힘, 심심해서 괜히 친구에게 톡을 보내 장난을 치고 싶은 마음을 참는 능력입니다.

지구력은 하기 싫은 일을 차분하게 실행하기 위해 액셀을 꾹 밟는 것과 같은 힘입니다. 시험을 잘 보겠다는 목표를 위해 머리에 쥐가 나게 암기하는 것이 지구력입니다. 체육대회 때 축구선수로 활약하기 위해 달리기와 하체 운동을 하겠다고 마음먹는 것도 지구력입니다. 당장 공을 차기보다 필요한 것을 위해 지루한 것을 참고 계속하고자 마음먹었으니까요.

최근에는 지구력이 성실함과도 관련이 있다는 연구 결과가 나오고 있습니다. 아이가 성적이나 공부와는 관련 없어 보이는 일에 긴 시간 열중할 수 있습니다. 부모가 보기에는 다소 시간

낭비처럼 보이는 캐릭터 그리기나 입시와 관계없는 악기 연습 같은 것 말이지요. 하지만 결과를 위해 지루한 시간을 견디는 연습, 즉 성실성은 따로 배우기 힘들다는 것을 기억하길 바랍니다.

성공의 비밀

무조건 잘 참는 것이 능사가 아닙니다. 성공하려면 실행 기능과 지구력을 각각 잘 활용해 참을 수 있어야 합니다. 하고 싶은 것을 하지 않는 힘, 지루한 것을 참아내는 힘을 각각 분리해 각각의 능력을 기를 수 있도록 지도해주세요.

02

쉽게 포기하는 게 싫다면

"공부를 끈기 있게 열심히 하고 싶은데 잘 안 돼요."

"공부를 잘하고 싶긴 한데, 막상 의자에 앉으면 공부할 마음이 안 생겨요. 좋은 방법이 없을까요?"

아이들 역시 끈기, 즉 지구력 때문에 고민이 많습니다. 십 대 아이들을 대상으로 실시한 설문조사에서 이처럼 공부와 관련된 질문은 흔히 발견됩니다.

그 이유가 뭘까요? 요즘 우리 아이들은 딴짓을 할 시간이 별로 없습니다. 초등학교 때부터 중고등 수학을 선행해야 하고, 영어는 하루에 수십 개씩 단어를 암기해야 합니다. 이제는 국어 실력이 학교 성적뿐 아니라 입시까지 좌우한다고 하니 독서도 해야 하고, 논술 공부도 해야 합니다. 뭐가 되고 싶은지 아이 스스로 제대로 생각도 못 해봤는데, 부모는 "하고 싶은 건 대학 가서 생각해도 늦지 않다"면서 아이를 위한 학습 스케줄을 빽빽하게 세워둡니다. 공부는 해도 해도 줄지 않고 계속 늘기만 하니 아이들이 공부에 질리지 않는 게 더 어려울 것 같습니다.

중고등학생 역시 크게 다르지 않습니다. 대학 입시가 코앞인데 특별히 가고 싶은 학교가 없는 아이들이 꽤 많습니다. '그저 친한 친구와 같은 학교에 가면 좋겠다' 정도의 생각만 할 뿐이죠. 지망 대학과 학과는 부모님과 선생님이 제안하는 대로 따르고, 그것에 맞춰 짜놓은 시간표에 따라 자기 의지 없이 학원에 가고 공부를 하느라 바쁩니다.

그런데 공부 스케줄을 소화하기 전에 반드시 알려주어야 할 것이 있습니다. 공부는 그 자체가 목적이 아니라 수단이라는 점입니다. 예를 들어 아이의 목표가 '중간고사 1등'이 되어서는 안 된다는 겁니다. 과학자가 되겠다는 큰 목표를 세우고, 그 목표를 달성하기 위해 이공계 대학에 입학해야 한다는 작은 목표가 있어야 지금 하는 공부에 의미를 느낄 수 있습니다. 그래야 작은 실패를 경험하더라도 이를 큰 목표를 위한 연습으로 생각하고 그다음 목표를 달성하기 위해 힘을 낼 수 있습니다.

큰 목표 없이 지구력 있게 공부하는 것은 어렵습니다. 물론 공부 자체를 좋아하는 사람도 있습니다. 이 사람들은 배우는 게 재미있어서 공부를 한다고 하지만, 흔히 찾아보기 힘든 유형의 사람들입니다.

✦ 목표는 방향성이다

큰 목표를 세우는 것은 중요합니다. 그런데 반드시 명확할 필요는 없습니다. 정보 통신 기술이 발달하면서 사회가 그 어느 때보다 빨리 변화하고 있습니다. 어릴 때 유망하던 직업들이 사라지고, 예전에는 없던 직업이 생기기도 합니다.

제가 어렸을 때만 해도 장래 희망으로 소프트웨어 개발자나 퍼스널 쇼퍼Personal Shopper 같은 직업을 꼽는 사람은 드물었습니다. 유튜버, 인플루언서 같은 직업도 상상하기 힘들었지요. 지금 아이가 유튜버가 되고 싶다 말한들 10~20년 후에는 유튜버라는 직업이 있을지 없을지, 지금처럼 유망한 직업일지 아무도 알 수 없습니다.

큰 목표는 정해야 합니다. 다만 방향성을 설정하는 정도면 충분합니다. 중요한 것은 큰 목표를 향해 나아가는 과정에서 지금 하는 공부의 가치를 스스로 이해하고, 목표를 위해 하기 싫은 것을 참고 해나가는 연습입니다. 그러려면 아이가 미래에 무엇을 하고 싶은지 생각해볼 시간을 주고, 자신의 목표를 위해 지금 준비해야 할 것들을 하나하나 떠올릴 수 있도록 부모가 도와줘야 합니다.

성공의 비밀

목표를 세우고 달성하는 연습은 매우 중요합니다. 작은 성공을 쌓는 기쁨은 대다수 부모들이 아이가 어렸을 때부터 가르쳤을 겁니다. 이제는 큰 목표에 다가가기 위해 작은 목표를 쌓고, 그 과정에서 성취감을 느낄 수 있도록 도와주세요.

03

지구력과 성적의 연결고리

구체적으로 지구력은 성적과 어떤 연관이 있을까요? 모르는 내용을 알 때까지 파고드는 힘이 지구력에서 비롯되는 걸까요?

의외로 지구력은 암기와 관련이 있습니다. 대학 입시 공부를 할 때는 다양한 내용을 기억해야 합니다. 영어 단어와 문법, 수학 공식과 개념, 역사의 흐름과 주요 인물, 원소 기호와 화학식, 생물학 지식 등 다양한 과목의 수많은 개념을 외워야 합니다. 물론 입시 공부를 하는 데 표현력, 사고력, 논리력 등 기본적인 인지 능력도 필요하지만, 일반적으로 십 대들이 하는 공부는 암기가 핵심이라고 봐도 무방합니다.

AI가 영상을 창조하는 시대에 주입식 교육이 얼마나 의미가 있는지 의문을 품는 사람들도 많습니다. 세세한 역사 연표뿐 아니라 평상시 잘 사용하지 않는 고전 속 단어와 영어 문장을 달달 외울 필요가 있는지 저도 의문스럽습니다. 하지만 대입으로 가는 시험들을 잘 보려면 어느 정도는 뇌에서 관련 지식이 자동으로 튀어나오도록 암기할 필요가 있습니다. 단순 곱셈인데 계산할 때마다 계산기를 써야 한다면 비효율적이지 않을까요? 부모들은 그 사실을 잘 알고 있기 때문에 어릴 때부터 아이에게 연산 연습을 많이 시킵니다. 비록 아이가 지겨워하더라도 말이죠.

✦ 암기 실력을 좌우하는 지구력

그런데 암기를 할 때 지구력이 필요합니다. 예를 들어 영어는 다른 언어들에 비해 철자가 불규칙합니다. 따라서 규칙을 벗어난 단어의 경우 철자를 그냥 외워야 합니다. 영어 단어를 암기하는 걸 어렵게 생각하는 건 원어민도 마찬가지인가 봅니다. 영어 철자를 맞추는 대회가 매년 열리거든요. '스펠링 비 Spelling Bee'라는 이름의 대회는 영미권을 포함해 세계 각지에서 열리는데, 다양한 단어의 철자를 정확히 암기하고 있는지 겨루는 대회입니다. 당연히 어려운 단어와 사람들이 자주 헷갈리는 단어의 철자를 정확히 암기해야 수상할 수 있습니다.

스펠링 비 대회에서 수상하는 참가자는 다른 참가자들보다 지구력이 더 강하다고 보고된 바 있습니다. 이러한 연구 결과로 인해 지구력이 교육 관계자들에게 주목받기 시작했습니다.

지구력이 암기와 관련이 있다면 청소년의 학업과도 무관하지 않을 겁니다. 실제로 다양한 연구에서 지구력과 학업 능력의 연관성이 입증되고 있습니다. 특히 이 분야는 전 세계적으로 관심이 많은 분야여서 방대한 연구가 이루어지고 있습니다.

미국의 고등학생을 대상으로 한 연구에서도 지구력 수준과 학업 능력(독해와 수학) 사이에 연관성이 있는 것으로 밝혀졌습니다. 지구력 수준과 고등학교 졸업 가능성도 높은 관련이 있었습니다. 예를 들어 지구력이 낮은 아이들은 고등학교를 자퇴할 확률이 높았습니다.

여러 연구를 메타분석한 결과, 그릿을 구성하는 지구력과 열정(동기) 중에서 특히 지구력이 학업 능력과 더 연관성이 있는 것으로 보고되었습니다.[3-2, 3-3] 또 고등학생 이하 연령대가 대학생 이상의 연령대보다 연관성이 더 강하게 나타났습니다.

일본에서도 교원 채용 시험에 도전하는 대학생들을 대상으로 관련 연구가 진행됐습니다. 연구에서는 어떤 능력이 교원 채용 시험의 합격 여부와 연관이 있는지 고찰했습니다. 교원 채용 시험은 관련 지식과 상식 등을 측정하는 1차 필기시험과

2차 면접, 실기 시험으로 이뤄집니다. 연구 결과, 다른 능력들보다 지구력 수준이 교원 채용 시험 1차와 2차 두 개의 합격률과 연관성이 높다고 나타났습니다.

성공의 비밀

아이가 머리는 좋은데 암기하는 것을 귀찮아한다면, 외우는 기술을 배우는 것도 중요하지만 그 전에 지구력이 있는지부터 측정해보세요. 매사에 의욕이 없고 공부도 설렁설렁한다면 당장 영어 단어를 하나 외우기보다 지구력을 키우는 방법부터 찾아야 합니다.

04

운동과 지구력의 상관관계

지구력과 관련 있는 것은 학업 능력뿐만은 아닙니다. 다양한 분야에서의 성취와도 관련이 있습니다. 학업만큼 연구자들의 주목을 받지는 못했지만, 운동과의 연관성을 다룬 연구도 꽤 많습니다.

축구는 세계적으로 가장 인기 있는 운동 중 하나입니다. 유럽 축구 리그가 시작되면 밤을 새우더라도 경기를 꼬박꼬박 챙겨 보는 마니아들이 전 세계에 있을 정도입니다. 처음 만난 외국인들과 축구 이야기로 대화의 물꼬를 터본 경험이 있는 사람도 많을 겁니다.

전 세계적으로 축구 경기에 참여하는 인구수는 약 2~3억 명으로 추산합니다. 관심이 높은 만큼 축구선수의 수입은 다른 운동선수에 비해 많은 편입니다. 2022년 전 세계 운동선수 중 연봉이 가장 높은 선수는 아르헨티나 축구 대표팀의 리오넬 메시였습니다. 전체 운동선수의 수입을 비교한 조사에서 5위 안에 축구선수가 3명이나 포함되었습니다.

이런 다양한 이유로 축구선수의 꿈을 품고 공을 차는 아이들이 많을 겁니다. 그렇다면 축구를 하는 아이의 지구력은 어떨까요? 지구력이 좋으면 축구를 더 잘할 수 있을까요?

호주의 한 연구에서는 호주 축구선수를 대상으로 지구력과 축구 경기력의 연관성을 조사했습니다. 조사 대상은 평균 14세의 남자 청소년 축구선수로, 지역 대표로 뽑힌 이른바 엘리트 선수들입니다. 이 선수들을 대상으로 지구력을 측정하고, 시합 전 연습에 얼마나 참여했는지 평가했습니다. 또 대회 참가 여부와 함께 코치가 주도하는 팀 연습, 동료와의 연습, 개인 연습에 얼마나 시간을 할애했는지도 조사했습니다.

한편 지구력과 연습 중 경기력 사이의 관계, 지구력과 축구 시합 중 경기력 사이의 관계를 조사했습니다. 축구 기술력은 경기 중 특정 상황에서 특정 조건이 주어졌을 때 선수가 어떤 플레이를 할지 판단하는 능력입니다. 또 특정 상황에서 공을 가진 선수가 어떻게 움직일지 예측하는 능력도 포함됩니다. 즉 단순히 공을 다루는 기술이 아니라 순간적인 판단력과 정보 분석 능력, 의사결정 능력을 의미합니다.

실험 결과 두 가지 흥미로운 결과가 나왔습니다. 하나는 지구력이 있는 사람은 축구를 할 때 판단력과 의사결정 능력이 뛰어나다는 사실입니다. 또 다른 하나는 지구력이 있는 사람은 연습에 임하는 시간이 길어 결과적으로 판단력과 의사결정 능력이 향상됐다는 것입니다.

연습은 코치가 주도하는 팀 연습에 대한 대처와 관련이 있습니다. 다시 말해 지구력이 있는 사람은 코치가 이끄는 연습에 열심히 임하기 때문에 결과적으로 축구 기술이 향상될 가능성이 큽니다. 물론 축구선수들은 공을 다루는 기술에도 재능이 있겠지만 그 재능은 지구력으로 인해 더욱 강화되었을 겁니다.

✦ 아이가 운동을 꾸준히 해왔다면

한 연구에서는 일본 학생들을 대상으로 고등학생까지의 운동 경험과 지구력의 연관성을 조사했습니다. 그 결과, 운동을 해본 경험이 있는 학생은 그렇지 않은 학생보다 지구력이 높았습니다.

운동을 해본 경험이 지구력을 높인 것인지, 지구력이 높은 아이가 운동을 오래 한 것인지 그 상관관계는 정확히 알 수 없습니다. 다만 운동할 때 지구력은 늘 따라온다는 사실을 알 수 있습니다. 아이가 운동선수가 되고 싶어 하지는 않지만 운동 자체를 재미있어 하며 매진할 경우 "네가 그럴 때야?"라고 윽박질러 책상에 앉히고 싶더라도 조금 참으세요. 운동을 하면서 아이가 얻을 수 있는 값진 능력이 있습니다. 최소한 지구력이라는 힘 말이지요.

성 공 의 비 밀

"왜 저 힘든 걸 하고 있을까?" 아이가 뙤약볕에서 축구공을 차느라 열중하고 있다면, 수영선수가 될 것도 아니면서 1~2초를 단축하겠다고 연습에 매진하고 있다면, 지구력이 강한 아이라고 생각해도 좋습니다.

05

지구력이 한 분야로 치우친 아이

"저는 진짜 아무것도 하기 싫어요."

"재미있는 게 하나도 없어요."

부모와 선생님이 어떻게 대해야 할지 가장 난감한 아이는 어떤 일에도 아무런 의욕을 보이지 않는 아이입니다. 그럼 자신이 좋아하는 것만 열심히, 지치지 않고 하는 아이는 어떤가요? 공부는 열심히 하지 않지만 피아노는 열심히 친다든가, 수업 중에는 잠만 자지만 축구할 때는 눈이 반짝이는 아이들을 쉽게 찾을 수 있습니다. 지금부터 이 아이들에게서 보이는 선택적 지구력에 관해 이야기해보겠습니다.

예전 연구에서는 아이의 전반적인 면에서 지구력을 측정했다면, 최근에는 많은 연구자가 개별적인 행동에 대한 지구력을 연구하고 있습니다. 예를 들면 공부에 대한 지구력, 운동에 대한 지구력 등 개별 분야에 한정된 지구력입니다.

더 세부적으로 살펴보면 학습도 국어와 수학이 다르고, 운동도 혼자서 하는 마라톤과 단체로 하는 구기 종목이 다르지만 지금은 '공부'나 '운동'으로 크게 구분해 이야기해보겠습니다.

✦ 지구력을 발휘할 수 있는 영역을 찾지 못했다

최근 연구에 따르면, 운동선수들은 공부할 때보다 운동할 때 지구력이 더 강한 것으로 나타났습니다. 반면 성적이 좋은 사람들은 운동에 대한 지구력보다 공부에 대한 지구력이 더 강하다는 결론이 나왔습니다.

이 연구에 비추어보면 공부는 열심히 하지 않는 사람이라도 자신의 특기 분야를 찾으면 지구력을 발휘할 수 있다는 겁니다. 즉 지금까지 아무 의욕이 없던 아이라도 스스로 열심히 할 수 있는 분야를 찾는다면 없던 지구력이 나타날 수 있다는 뜻입니다. 사실 현재 교육체계는 공부에 가장 많은 시간을 할애하게 만들어진 교육과정인 데다, 공부에 아예 흥미가 없는데도 또래와 계속 비교되는 상황이 만들어지기 때문에 아이가 더 위축되어 있을 가능성이 큽니다.

아이에게서 지구력이 보이지 않는다고 초조해하지 말고, 아이의 흥미를 함께 찾아보세요. 좋은 대학을 나오지 않고도 유튜브나 SNS를 활용해 자신만의 비즈니스를 만드는 젊은이들이 많은 세상입니다.

부모가 해야 할 일은 아이가 좋아하는 것을 찾았을 때 마냥 열심히 하라고 독려하기보다 그 길에서 함께 목표를 찾고 아이의 목표가 현실적인지 판단해주는 겁니다. 그리고 그 목표를 이루기 위해 어떤 작은 목표들을 세워서 달성해야 하는지, 그 과정에서 무엇을 어떻게 쌓아나가야 하는지 스스로 생각하도록 이끌어주고, 아이가 이뤄나갈 수 있게 도와주어야 합니다.

성공의 비밀

아이가 매사에 의욕이 없다면 아직 의욕을 쏟을 대상을 찾지 못한 건 아닌지 판단해봅시다. 만약 아이가 학교에서 공부하는 걸 늘 괴로워한다면 좋아하는 것을 찾도록 결단을 내리는 것 또한 부모가 해줄 일입니다. 물론 공부를 하지 않는다고 해서 학생의 본분을 내려놓는 건 아니라는 사실도 알려주어야 합니다. 그다음에 다른 공부 대상을 찾아야겠지요.

06

부모의 태도가 아이의 지구력을 좌우한다

아이의 지구력이 보이지 않는다면 부모가 지구력을 키워주어야 합니다. 어린 시절부터 지구력이 어떤 과정을 통해 길러지는지 살펴보면 힌트가 보일 겁니다.

지구력은 일부 갖고 태어나는 능력입니다. 게다가 태어난 지 얼마 되지 않은 아이들의 행동에서도 지구력의 차이가 드러납니다. 아이에게 장난감 하나를 주었을 때 어떤 아이는 금세 지루해하며 다른 장난감을 찾는 반면, 장난감 하나를 오랜 시간 갖고 노는 아이도 있습니다. 일찍부터 개인차가 보이는 셈입니다.

✦ 지구력을 키워주는 어른 vs 지구력을 방해하는 어른

그런데 아기의 지구력 발달에는 주변 어른들의 행동이 영향을 미칠 수 있다는 매우 흥미로운 연구가 보고되었습니다. 연구는 이렇게 진행됩니다. 먼저 어른 실험자가 상자 속에서 장난감을 꺼내려고 하는 모습을 아기에게 보여줍니다. 이때 실험은 세 가지 조건이 있습니다. 첫 번째는 어른 실험자가 힘들여 노력해서 장난감을 꺼내는 노력Effort 조건입니다. 두 번째는 어른 실험자가 쉽게 장난감을 꺼내는 비노력 조건입니다. 세 번째는 아무것도 보여주지 않는 기본 조건입니다.

그런 다음 어른 실험자는 꺼낸 장난감의 버튼을 눌러 장난감에서 소리가 나는 모습을 아기에게 보여준 뒤 장난감을 아기에게 건네줍니다. 이때 중요한 것은 아기가 버튼을 눌러도 장난감에서 소리가 나지 않게 설정되어 있다는 겁니다. 소리가 나지 않는 장난감을 얼마나 오랫동안 소리가 나게 하려고 시도하는지로 아기의 지구력을 측정했습니다.

연구자들은 아기가 소리 나게 오래 노력할수록 지구력이 강할 거라고 판단했습니다. 주변 어른들의 노력이 아기의 노력에 영향을 준다면, 노력 조건 실험에 참여한 아기들은 다른 조건의 아기들보다 오랫동안 소리를 내려고 시도할 겁니다.

실험 결과, 실제로 노력 조건의 아기들이 더 오랜 시간 끈질

기게 소리가 나게 하려고 시도했습니다. 이는 아이들이 주변 어른들의 모습을 지켜보고 영향을 받는다는 뜻입니다.

반대로 아이의 지구력을 약하게 하는 어른들의 행동을 측정한 실험도 있습니다. 이 실험에서 아이는 잘 풀리지 않는 과제를 해결하기 위해 노력해야 합니다. 한 그룹에서는 아이가 노력하고 있을 때 어른이 과제를 해결하기 위해 도움을 주고, 다른 한 그룹은 도움을 주지 않습니다.

실험 결과 아이가 어려운 문제를 풀 때 어른이 도와준 그룹의 경우 초반에 강했던 아이의 지구력이 약해졌다는 결과가 나왔습니다. 이는 어른이 아이의 노력을 방해해서는 안 된다는 의미입니다.

아이가 힘들어 보일 때 대신 해주고 싶은 마음이 들어도 꾹 참아야 합니다. 아이의 노력을 덜어주는 행동은 아이가 노력할 기회를 주지 않는 것에서 멈추는 게 아니라 아이를 적극적으로 방해하는 행동과 같기 때문입니다.

✦ 지구력을 키우는 부모의 말

아이의 지구력을 키우는 데 어른과의 관계가 중요하다고 말하는 연구 결과도 있습니다.[3-4] 특히 부모를 포함한 어른들이 칭찬해주는 것이 무엇보다 중요합니다.

많은 부모가 알고 있겠지만, 칭찬하는 방법에는 두 가지가 있습니다. 아이의 능력을 칭찬하는 말과 아이의 행동을 칭찬하는 말입니다. 예를 들어 아이가 어려운 문제를 풀었을 때 "참 똑똑하구나"라고 말하는 건 아이의 능력을 칭찬하는 겁니다. "열심히 했네"라고 이야기하는 건 열심히 한 아이의 행위를 칭찬하는 말입니다. 어떤 칭찬을 할지는 부모가 결정할 수 있습니다.

부모가 자녀에서 어떤 칭찬을 해야 아이의 지구력이 자라는지 관찰한 연구가 있습니다. 실험에 참여한 아이는 조금 어려운 과제를 해결해야 합니다. 이때 아이가 어려운 과제를 얼마나 오랜 시간 붙잡고 있는지가 지구력의 척도입니다. 이와 더불어 부모와 아이가 함께 그림책을 읽을 때 부모가 아이의 능력을 칭찬하는 말을 몇 회 했는지, 노력을 칭찬하는 말을 얼마나 했는지 각각 측정했습니다.

연구 결과 열심히 노력한 행동 자체를 칭찬하는 부모가 지구력이 강한 아이를 키운다는 결론이 나왔습니다. 그뿐만 아니라 능력을 칭찬하는 말의 횟수와 지구력은 관련이 없다는 사실도 밝혀졌습니다. 즉 노력을 칭찬하면 아이의 지구력이 발달하는 겁니다.

성공의 비밀

태어날 때부터 지구력이 상대적으로 약한 아이가 있을 수 있습니다. 그러나 아이가 커서도 지구력이 약하다면 부모의 노력이 더 필요합니다. 평소 아이를 칭찬할 때 어떻게 말했는지 노트에 적어봅시다. 아이의 능력을 칭찬했는지, 아이의 노력을 칭찬했는지 한눈에 알아볼 수 있을 겁니다.

· GUIDE ·

지구력을 키우는 부모의 칭찬

부모의 사소한 칭찬 한마디가 아이의 지구력을
무럭무럭 키울 수 있습니다.
어떤 일에도 포기하지 않는 아이로 성장하길 원한다면
능력이 아니라 노력한 행동을 칭찬해주세요.

- "오랜 시간 열심히 했구나!"
- "열심히 노력하는 모습이 자랑스러워."
- "어려웠는데 끝까지 포기하지 않아서 잘했어."
- "100번 연습하더니 결국 해냈구나!"
- "포기하지 않고 끝까지 하는 모습을 보니 기쁘구나!"
- "답은 틀렸지만 끝까지 풀려고 노력한 게 대단해!"
- "어려운 문제를 포기하지 않고 풀었구나. 엄마가 박수쳐 줄게!"
- "와우~ 이 그림은 전에 못 보던 새로운 시도인데? 구성이 멋지구나!"

07

지구력을 스스로 기르는 법

아이들은 노력을 칭찬받을 때 왜 지구력이 생길까요? 동기부여와 마음가짐에 영향을 받기 때문입니다.

노력하는 행동을 칭찬하는 말을 많이 들은 아이는 자신이 어떤 과제를 잘 해냈을 때 그 이유가 노력이나 열정에 있다고 생각합니다. 부모의 칭찬 방식은 아이가 성장해도 크게 변하지 않기 때문에 열심히 했을 때 칭찬받는 경험이 계속 축적될 거예요. 그러면 아이는 노력과 열정을 더욱 중시하게 되고 점점 지구력도 발달합니다.

✦ 스스로 성장할 수 있다는 믿음

이런 생각은 '마인드셋Mindset'이라는 개념과 관련이 있습니다. 마음을 먹는 것을 의미하는 마인드셋은 크게 '성장 마인드셋Growth Mindset'과 '고정 마인드셋Fixed Mindset'으로 구분합니다.

성장 마인드셋은 능력이나 성격은 후천적 노력에 의해 얼마든지 변하고 성장할 수 있다는 사고방식입니다. 반면 고정 마인드셋은 능력과 성격은 고정된 것이며 노력으로 변하지 않는다고 생각합니다.

예를 들어 공부를 하다가 잘 이해가 되지 않아 막혔을 때의 상황을 생각해봅시다. 성장 마인드셋을 가진 학생은 열심히 노력하면 분명히 좋은 성적을 받을 수 있을 거라고 생각합니다. 반면 고정 마인드셋을 가진 학생은 자신은 공부에 재능이 없는 것 같다고 생각합니다. 그래서 열심히 해도 소용이 없다는 생각으로까지 이어집니다.

부모가 평소에 하는 칭찬이 아이의 능력을 칭찬하는 내용이 대부분이라면 아이는 타고난 능력을 칭찬받는다고 생각할 수 있습니다. 그러면 아이의 지구력은 자라지 않고 성장 마인드셋으로 이어지지 않습니다.

반면 아이의 노력을 칭찬하는 말은 성장 마인드셋으로 이어집니다. 다수의 마인드셋 연구에 따르면, 실제로 어릴 때 부모가 아이의 노력을 칭찬한 경우 그 아이는 자신의 능력과 특성이 변할 수 있다고 생각하는 것으로 나타났습니다.

혹여 이 이야기를 들으며 '우리 아이는 십 대가 되었으니 변하지 못하는 거 아닐까?' 하고 걱정하셨나요? 안심하세요. 아직 진행 중이지만, 십 대 이후에도 마인드셋이 변화할 수 있다는 일부 연구 결과가 보고되었습니다.

✦ 십 대를 위한 성장 마인드셋 훈련법

로봇, 인공지능, 빅데이터와 함께 살아가는 지금, 십 대 아이들에게는 온라인 세상이 더 친숙합니다. 코로나19 팬데믹으로 인해 거의 2년간 온라인으로 수업을 했던 아이들이라면 마인드셋도 온라인으로 변화시킬 수 있지 않을까 생각한 연구자들이 있습니다.

온라인으로 마인드셋에 작용하는 현대적 개입 방법을 소개하겠습니다.[3-5] 이 연구는 미국 중학생 약 1만 명 이상을 대상으로 한 실험으로, 아이들을 실험집단과 통제집단으로 구분했습니다. 실험집단에는 성장 마인드셋의 기본 요소를 설명한 뒤, 능력은 노력과 학습 방법, 부모나 선생님의 적절한 도움을 통해 성장한다고 말했습니다.

그런 다음 중학생들 스스로 이 생각을 심화시켜 수학과 과학 등의 교과 공부를 하는 데 적용하도록 독려했습니다. 이때 중요한 점은 열심히 공부하라고 강요하거나 학습 방법을 바꾸라고 말하는 대신, 노력과 학습 방법을 변화하는 것이 중학생의 능력을 개발하고 목표 달성을 도와주는 일반적인 방식이라고 말한 것입니다. 반면 통제집단에는 뇌 기능에 관해서만 이야기했습니다. 실험집단에 했던 마인드셋과 관련된 이야기는 들려주지 않았습니다.

그 결과, 실험집단이 통제집단보다 빠르게 마인드셋의 변화가 나타났습니다. 성장 마인드셋이 더욱 강화된 것입니다. 또 학업 능력에도 영향을 미쳐 실험집단이 통제집단보다 수학과 과학 등의 학업 성취도와 전반적인 학업 능력이 더욱 향상되었습니다.

이 실험과 더불어 학생들의 마인드셋 변화에 학교가 얼마나 영향을 미치는지도 조사했습니다. 사실 학교 간에는 학업 능력에 차이가 있습니다. 어떤 학교는 전체적으로 학생들이 학업 능력이 높고, 어떤 학교는 유난히 학생들의 학업 능력이 낮습니다. 학교 전체 학업 능력의 영향을 조사한 결과, 학교 전체의 학업 능력이 낮은 학교에서 실험집단과 통제집단의 학업 능력 변화의 차이가 컸습니다.

이 연구는 마인드셋에 대한 어른들의 개입이 학생의 학업 능력을 향상시키는 데 효과가 있다는 것을 보여줍니다. 또 이 실험에서 발견한 중요한 사실은 선생님이 직접 개입할 필요가 없다는 것입니다.

부모들도 알다시피 선생님들은 무척 바쁩니다. 수업과 학생 지도, 동아리 활동 지도 같은 업무 외에도 학부모 응대와 각종 서류 정리를 해야 합니다. 쉬는 날 역시 연수를 받는 등 편히 휴식을 취할 시간이 부족합니다. 선생님들의 시간을 빼앗지 않고도 온라인 영상 학습을 통해 마인드셋을 바꿀 수 있다는 연구 결과가 있습니다. 이제 이를 실전에 활용할 방법을 생각해야 합니다. 온라인이 더 친숙하고 편한 십 대 아이들이라면 이를 더욱 효율적으로 받아들일 겁니다.

아이가 타고난 재능을 무심코 탓하며 공부하는 걸 쉽게 포기하거나 학습 의욕이 떨어져 있다면 아이의 마인드셋을 점검해보세요. 지금이 성장 마인드셋을 강화시킬 때입니다. 아이가 생각을 바꿔 지금은 잘하지 못해도 높은 수준의 학업 성취도를 올릴 수 있다고 믿기 시작하면 학습 행동이 달라져 원하는 성취를 이룰 수 있게 될 겁니다.

성 공 의 비 밀

아이가 실패를 두려워하지 않는 성장 마인드셋을 갖고 지속적으로 학습과 변화에 적응할 수 있도록 도와주는 것이 부모의 역할입니다. 아이가 실패를 경험했다면 이 경험을 통해 무엇을 느끼고 배웠는지, 그리고 어떻게 개선해야 할지 아이와 함께 대화해 학습의 기회로 만들어주세요.

· GUIDE ·

성장 마인드셋을 강화하는 부모의 태도

아이가 자신의 능력과 가능성을 계속 높여가는 데
성장 마인드셋은 큰 도움을 줍니다. 그렇다면 부모가
어떤 역할을 해야 아이의 성장 마인드셋을 키울 수 있을까요?
아래의 방법을 참고해보세요.

- 재능이나 어떤 일의 결과가 아니라 과정에서 기울인 노력에 초점을 맞춰 칭찬을 해주세요.

- 자기 능력에 대해 부정적으로 생각하지 않고, 오히려 자신의 가능성을 믿을 수 있도록 용기와 자신감을 불어넣어 주세요.

- 어려움이나 실패의 과정에서 느끼는 생각과 경험이 성장의 기회로 전환될 수 있도록 이끌어주세요.

- 흥미롭고 어려운 문제를 혼자 힘으로 풀어내는 경험을 시켜보세요. 자신의 능력이 성장하는 것을 느끼고 몸으로 체험하면 성장 마인드셋이 강화됩니다.

- 적정 수준의 목표를 아이와 함께 설정하고, 성취의 과정을 함께 경험함으로써 자기효능감을 높여주세요.

3장 핵심 노트

- 지구력과 끈기는 같은 말입니다. 지구력은 하기 싫은 일을 차분하게 실행하기 위해 액셀을 꾹 밟는 것과 같은 힘입니다.

- 지구력을 키우려면 끈기 있게 노력할 수 있는 상황을 만들어야 합니다. 첫걸음은 장기 목표를 찾는 것입니다. 장기 목표가 있다면 그 목표를 달성하기 위한 중간 과제들을 꾸준히 해낼 수 있습니다. 목표를 찾지 못할 경우 내가 잘하는 것과 좋아하는 것의 균형을 맞출 수 있는 큰 목표를 찾는 것도 좋습니다.

- 큰 목표를 설정했다면 그 목표를 실현 가능한 작은 목표로 세분화합니다. 그리고 그 목표를 위해 노력해야 합니다. 이미 그 목표를 달성한 사람이 쓴 책을 읽거나, 주변에 있다면 직접 만나 목표를 달성하는 방법을 물어보는 것도 도움이 됩니다.

- 아이의 지구력은 부모나 주변 어른들의 행동에 의해 영향을 받습니다. 특히 아이의 능력을 칭찬하는 말보다 아이의 노력을 칭찬하는 말을 들었을 때 지구력은 발달합니다.

성장 마인드셋은 후천적 노력에 의해 능력과 성격이 얼마든지 변하고 성장할 수 있다는 사고방식입니다. 노력하면 성장할 수 있다는 사실을 믿어야 합니다. 더 중요한 점은 성장 마인드셋을 갖고 자신은 노력하는 사람이라고 날마다 의식하는 것입니다.

4장

자기효능감, 자신을 마주하고 성공으로 이끄는 능력

정체성을 찾아가는 십 대에게 가장 필요한 능력은 자신의 능력을 믿는 것입니다. 더 나아가 자기 자신과 마주하며 자신이 얼마나 소중한 존재이고, 사랑받기에 충분한 존재인지를 깨달아야 합니다. 그게 바로 '자기효능감'과 '자존감'입니다. 성공과 행복을 향해 달려 나갈 때 실패로부터 나를 일으켜 세워줄 자기효능감에 대해 이야기해보겠습니다.

01

자신감이 뚝 떨어져 괴로운 아이

"저는 공부를 그럭저럭해요. 특히 국어와 영어에는 자신이 있어요. 어렸을 때부터 그림책을 좋아했고 해리포터 같은 외국 소설에 관심이 많아서인 것 같아요. 하지만 수학은 정말 자신이 없어요. 방정식만 봐도 속이 울렁거리고, 삼각함수는 하나도 모르겠어요. 어디에다 써먹는지도 모르겠고요. 제가 사회에 나가서 잘 살 수 있을까요? 친구 중에 수학에 자신 있어 하는 친구가 있는데 어쩜 저렇게 자신감이 넘치는지 이해를 못 하겠어요."

십 대 중에는 이렇게 자신감이 뚝 떨어져 있는 아이들이 많습니다. 중고등학생을 대상으로 자신에 대해 어떻게 생각하는지 묻는 설문조사를 진행했는데, 가장 흔한 두 가지 고민은 아래와 같았습니다.

"저는 자신감이 없어요. 어떻게 하면 자신감을 가질 수 있나요?"

"제 자신이 싫어요. 어떻게 하면 나를 좋아할 수 있나요?"

전반적으로 자신감이 없다는 응답이 주를 이뤘고, 공부나 동아리 활동 같은 특정 분야에 자신이 없다는 응답도 있었습니다. 앞에서 언급했듯 초등학교 때부터 아이들은 또래 친구들과 자신을 비교하기 시작합니다. 자신의 시험 성적이 친구보다 좋은지, 달리기를 더 잘하는지 못하는지 등이 눈에 들어오고 점차 신경이 쓰입니다.

✦ 자아와 타자의 발견

청소년기에 접어들면 다른 사람들이 나를 어떻게 생각하는지가 매우 궁금하고 중요해집니다. 아이는 자신이 친구들 사이에서 못 어울리고 튀는 건 아닌지, 눈치가 없다고 여겨지는 건 아닌지 고민합니다. 이런 경향 자체는 인간의 발달 과정에서 자연스럽게 나타나는 것이므로 문제가 없지만, 주변 사람들과의 비교나 스스로에 대한 평가를 통해 과하게 자신감을 느낄 수도 혹은 과도하게 자신감을 잃을 수도 있습니다.

제가 주목한 것은 설문조사에 참여한 많은 아이가 자기 자신이 싫다고 응답했다는 점입니다. 아이들은 자신이 좀 더 매력적인 외모였으면, 좀 더 머리가 좋았으면 하고 바라고 있었습니다. 사람마다 원하는 바는 다를 수 있지만, 누구나 한 번쯤은 현재의 내 모습과 이상적인 내 모습의 간극에 대해 고민합니다.

지금부터 이와 관련한 문제들을 짚어보겠습니다. 공부와 같은 특정한 일에 대해 '자신이 없다'라고 생각하는 것은 자기효능감과 연관되어 있습니다. '나는 나를 좋아하지 않는다'와 관련된 것은 자존감입니다. 비슷한 개념 같지만, 사실 이 둘은 극명하게 구별됩니다. 여기서는 주로 자기효능감에 초점을 맞춰 이야기하되, 자존감과의 차이점도 설명하겠습니다.

성 공 의 비 밀

아이가 자신감이 없나요? 아이가 '나는 잘하는 게 없어'라며 걱정하는지, '내가 좀 별로야'라고 생각하는지는 다른 문제입니다. 이럴 경우 부모가 조금 더 아이를 깊게 들여다봐야 합니다. 자기효능감이 결여된 건지, 자존감이 낮은 건지 알아야 그에 맞는 방향으로 아이를 이끌어줄 수 있습니다.

02

성공의 핵심 요소, 자기효능감

자기효능감은 어떤 상황에서 요구하는 행동을 내가 성공적으로 수행할 수 있다고 스스로 생각하는지, 또는 내가 과제를 잘 해낼 수 있다고 스스로 생각하는지를 의미합니다.

아이가 학교에서 다음 주에 수학 시험을 본다고 가정해봅시다. 시험에는 이차함수와 삼각비 문제가 나올 예정이라고 선생님이 말해주셨습니다. 하지만 아이는 평소 이차함수와 삼각비 문제를 잘 못 푼다는 생각에 시험을 잘 볼 자신이 없습니다. 그런데 아이의 가장 친한 친구는 이차함수와 삼각비에 관해서는 어떤 문제가 나와도 적절한 공식을 사용해 잘 풀 수 있다는 자신감이 넘칩니다.

이때 친구가 가진 자신감은 엄밀히 말하면 자기효능감입니다. 아이와 친구 중에서 누가 더 좋은 성적을 받을까요? 당연히 친구가 더 좋은 성적을 받을 가능성이 큽니다. 여기서 중요한 점은 자기효능감이 수학 문제를 푸는 능력을 말하는 게 아니라는 겁니다. 자기효능감은 자신의 능력으로 충분히 잘 해낼 수 있다는 믿음과 자신감을 가리킵니다. 다시 말해 자기효능감은 어떤 과제나 상황에서 해야 하는 행동에 대해 보이는 자신감의 정도나 자기 확신의 정도를 뜻합니다.

✦ 자기효능감의 두 가지 분류

자기효능감은 크게 두 가지로 구분할 수 있습니다. 특정한 내용에 국한되지 않는 '일반성 자기효능감'과 특정한 내용에 국한된 '영역별 자기효능감'으로 나뉩니다.

일반성 자기효능감은 어떤 과제나 행동에 대해 전반적으로 자신 있게 접근하는 경향이 있는지를 측정합니다. 분야를 막론하고 어떤 일에든 자신감 있는 사람을 떠올리면 이해하기 쉽습니다. 다양한 상황에서 전반적으로 자신감을 보여주는 사람의 경우 일반성 자기효능감이 높다고 표현합니다. 다만 주변에서 모든 분야에 자신감이 넘치는 사람은 흔히 찾아보기 어렵습니다. 보통은 강점을 보이는 분야가 한정적이기 마련입니다. 누구는 미술, 누구는 수학, 누구는 체육 등 개별적인 부분에서 자신감을 보이는 사람이 더 많습니다. 이처럼 특정 내용에 국한된 자기효능감을 영역별 자기효능감이라고 합니다.

성 공 의 비 밀

자기효능감이 높으면 어떤 일이든 자신 있고, 새로운 일에 겁내지 않고 도전할 수 있습니다. 즉 자기효능감은 아이의 성공과 행복에 매우 중요한 역할을 하지요. 부모는 아이의 자기효능감을 어떻게 올려줄 수 있을지 고민해야 합니다.

03

자기효능감이 학업에 미치는 거대한 영향력

"우리 아이는 도대체 뭐가 부족해서 맨날 움츠러들어 있는 건지 정말 속상해요. 한편으론 안쓰럽기도 하고요."

한창 활발하게 활동하며 성장해야 할 청소년기에 자신감이 부족한 아이의 등을 보면 속상한 마음과 함께 불안하기도 하고 걱정스러운 마음도 듭니다. 제대로 해보지도 않고 책상 앞에서 뭔가 끼적이다가 슬그머니 나와 "난 못해"라며 괴로워하는 모습을 보면, 지금 성적도 성적이지만 어른이 됐을 때 일이나 제대로 할까 싶어 우려스럽습니다.

자기효능감이 높아지면 학업 성적도 좋아질까요? 학계에서는 학업 능력과 관련된 자기효능감에 대해 많은 연구를 진행하고 있습니다. 흥미로운 점은 학업 능력 전반에 자기효능감이 있는 사람도 있지만, 더 세분화된 개별 과목에 국한된 자기효능감이 높은 사람도 있다는 겁니다. 즉 전반적인 학업 능력에 대한 자기효능감과 수학 과목에 국한된 자기효능감(영역별 자기효능감)을 구분할 수 있다는 말이지요.

그럼 일반성 자기효능감과 영역별 자기효능감이 어떻게 구별되는지 설명해보겠습니다. 심리학에는 '영역'이라는 개념이 있습니다. 여기서 영역이란 우리 마음과 뇌에 있는 추상적 공간을 말합니다. 마음과 뇌에는 여러 영역이 있는데, 영역마다 특정한 과제가 있고 이를 해결하기 위한 능력이 필요합니다.

예를 들어 우리가 사회성을 기르는 이유는 대인관계와 관련된 과제를 해결하는 능력을 쌓기 위함입니다. 생물을 공부하는 이유는 인간을 포함한 다양한 동식물과 관련된 문제를 해결하기 위한 능력을 기르기 위해서입니다. 물리에 대한 지식은 생물 이외의 물체에 관한 문제를 풀기 위한 능력을 키우기 위해 쌓는 겁니다.

중요한 점은 이들 영역의 능력이 독립적이라는 겁니다. 만유인력의 법칙을 발견한 물리학자 뉴턴은 "천체의 움직임은 계산할 수 있지만 인간의 광기는 계산할 수 없다"라는 말을 남겼습니다. 이는 물리법칙과 인간의 마음이 서로 다른 영역에 속한다는 것을 시사합니다.

다시 학업 능력 이야기로 돌아가겠습니다. 수학과 국어라는 교과목을 생각해 보면 두 과목에 요구되는 능력이 같지 않습니다. 실제로 두 과목을 다 잘하는 아이도 있고 둘 다 못하는 아이도 있지만, 두 과목 중 하나만 잘하는 아이도 많습니다. 즉 수학과 국어는 서로 다른 영역에 속한다고 볼 수 있습니다. 생물과 물리도 마찬가지입니다.

✦ 수학 잘하는 아이가 다른 과목도 잘하는 이유

다수의 연구 데이터 분석에서도 수학 고유의 자기효능감이 학업 능력 전반의 자기효능감과 구별되는 것을 알 수 있습니다. 수학 자기효능감에 대한 질문지와 학업 능력 전반의 자기효능감에 대한 질문지를 만든 후 조사 참여자들의 답변 결과가 동일하게 나타나는지 알아보는 연구가 진행됐습니다. 이 연구에서 두 질문지에 대한 답변을 분석했더니 둘은 별개로 판단하는 게 옳다는 결과가 나왔습니다.

학업 능력 중에서 특히 수학에 관한 자기효능감 연구가 활발하게 진행되는 이유는 세계 각국에서 수학 과목에 대한 역량을 높이는 것을 중요한 과제로 삼고 있기 때문입니다. 수학이 중요하다는 것이 연구의 양에서도 여실히 드러나고 있습니다. 차차 살펴보겠지만, 자기효능감을 기르면 학업 능력이 향상됩니다.

현재 건강과 관련된 행동에 대한 자기효능감도 활발히 연구 중입니다. 예를 들어 미국에서는 비만이 큰 사회적 문제입니다. 우리나라도 미국만큼은 아니지만 비만과 혈압이 40~50대에서 중요한 건강 문제로 다루어지고 있습니다.

이에 따라 건강한 식생활과 관련된 자기효능감이 연구자들의 큰 관심사가 되었습니다. 그래서 미국의 경우 사람들에게 스스로 음식을 건강하게 챙겨 먹을 수 있다고 생각하는지 등을 묻고 이와 관련한 자기효능감을 높일 수 있도록 지자체에서 지원하고 있습니다.

예를 들어 '통밀 프레첼, 팝콘, 과일, 채소 등 섬유질이 많은 간식을 선택한다'는 질문에 대해 노력하면 실행할 수 있다고 생각하는지 묻는 식입니다. 과자를 끊을 수 있느냐고 묻는 게 아니라 통밀과자를 선택할 수 있느냐고 묻는 게 건강한 습관인지 반문하고 싶을 수 있습니다. 하지만 너무 성급한 변화는 역효과를 불러일으킨다는 연구 결과들이 훨씬 많으므로 이 정도의 질문을 하는 것을 이해해주세요.

일본에서는 정신건강 예방 프로그램이 자기효능감을 높일 수 있다는 연구가 주목받고 있습니다. 이 프로그램은 불안, 우울 등 마음의 불편함을 예방하기 위한 내용으로 구성되었습니다. 프로그램 참가자는 수업 시간에 만화를 통해 내용을 익히고 토론을 통해 생각을 발전시키며, 자신과 타인의 감정에 대해 배우고 익히는 시간을 갖습니다.

이 프로그램 참가자를 조사했더니 수업 이후 자기효능감이 높아졌다는 결과가 나타났습니다. 이는 정신건강 예방 프로그램을 수강함으로써 전반적으로 긍정적인 태도로 변할 수 있고, 이를 통해 자기효능감을 높일 수 있다는 사실을 보여줍니다.

영역별 자기효능감이 중요한 이유는 영역별 자기효능감이 올라가면 일반성 자기효능감도 올라갈 수 있기 때문입니다. 과거를 돌아보면 한 가지 일에 대한 자신감이 다른 일로 확산되는 경험을 한 적이 있을 겁니다. '어머, 내가 생각보다 사람들 사이에서 중재 역할을 잘하네', '내가 의외로 손재주가 있네' 같은 깨달음을 얻은 경험 말입니다. 다시 말해 뭔가 하나라도 자기효능감을 느끼는 것이 중요합니다.

아이 역시 마찬가지입니다. 아이가 당장 학업에 자기효능감이 없을 수 있습니다. 도리어 바닥을 치고 있을지도 모릅니다. 이때 안쓰럽고 초조한 마음이 들더라도 가슴 속 깊이 숨겨두세요. 학습과 관련이 없더라도 아이가 자신 있어 하는 영역을 찾아 끌어 올려주는 것이 필요합니다.

성공의 비밀

전 과목을 골고루 잘했으면 좋겠는데, 아이가 수학만 좋아한다면 이는 걱정할 일이 아닙니다. 수학 문제를 푸는 데 자신감이 생기면 곧 과학, 국어, 영어 등 다른 과목에도 자신감이 붙을 겁니다. 다른 영역 역시 마찬가지입니다. 하나의 영역에서 자기효능감을 높이면 전반적인 자기효능감도 덩달아 올라갈 수 있다는 점을 명심하세요.

04

자존감과 자기효능감은 다르다

"자기효능감과 자존감은 비슷한 거 아닌가요? 어떤 부분이 다른가요?"

자기효능감과 유사한 개념인 자존감에 대해 살펴보겠습니다. 자기효능감과 자존감은 기본적으로 다른 개념입니다. 이 둘은 때로는 관련이 있고 때로는 관련이 없습니다.[4-1]

자기효능감은 특정 과제에 대한 자신감을 의미합니다. 반면 자존감(자기긍정감)은 자기 자신을 어느 정도 긍정적으로 보고 있는지, 스스로를 좋아하는지, 또 자신을 가치 있는 사람이라고 생각하는지에 대한 마음입니다. 자신을 사랑하는 감정 정도로 이해하면 쉽습니다.

예를 들어보겠습니다. 내 아이에게 중요한 영역이 무엇인지 생각해보세요. 저에게 '연구'는 매우 중요한 영역이지만, '마라톤'은 중요한 영역이 아닙니다. 내 자녀에게 중요한 영역은 수학일 수도 있고 영어일 수도 있습니다. 혹은 공부가 아니라 축구나 춤일 수도 있습니다.

축구는 매우 중요한 영역으로 여기지만 일반적인 공부는 그다지 중요하게 생각하지 않는 한 아이가 있다고 가정해봅시다. 이 아이가 축구에 대한 자기효능감이 높다면, 즉 축구에 자신감이 있다면 이는 아이의 자존감으로도 이어집니다. 자신이 중요하게 생각하는 영역인 축구에 자신감이 있고, 그걸 잘하는 자신을 긍정적으로 보기 때문입니다.

이 아이의 경우 공부에 대한 자기효능감이 낮더라도, 그 사실이 자존감에는 별 영향을 미치지 않을 가능성이 큽니다. 자신이 중요하게 여기지 않는 일을 잘하지 못 하고, 그 영역을 할 때는 자신이 없어도 스스로를 싫어하지는 않을 것이기 때문입니다.

공부를 좋아하는 아이도 마찬가지입니다. 수학이 자신에게 매우 중요하다면 수학 경시대회에 대한 자기효능감은 자존감에 크게 영향을 미칩니다. 하지만 수학이 자신에게 전혀 중요하지 않은 아이라면 수학 경시대회에 대한 자기효능감이 낮더라도 아마 자존감에 거의 영향을 미치지 않을 겁니다.

이렇듯 자신에 대해 긍정적인 감정을 느끼는 것은 자신이 생각할 때 중요한 분야에서 스스로 잘할 수 있는지, 또 자신에게 중요한 분야와 관련된 목표를 달성할 수 있는 능력에 대한 자신감이 있는지에 따라 크게 영향을 받습니다.

성공의 비밀

아이가 무엇을 할 때 재미있고 행복해하나요? 반대로 어떤 일에 실패했을 때 크게 낙담하나요? 그 일은 아이의 자기효능감과 자존감까지 키울 수 있는 긍정적인 영역입니다. 십 대는 자존감과 자기효능감 둘 다 키울 수 있는 절호의 기회입니다. 이 사실을 잊지 말고 아이가 좋아하는 활동을 할 때 응원해주세요.

05

자기효능감은 어떻게 성장하는가

자기효능감이 어떠한 목표를 달성하는 데 큰 힘을 발휘한다면 어떻게 해서든 키워주고 싶은 게 부모의 마음입니다. 자기효능감이 어떻게 발달하는지 알면 이를 성장시키는 데 도움이 될 겁니다.

자기효능감은 매우 이른 시기부터 발달하는데, 유아기 무렵부터 확실히 나타납니다. 앞서 언급했듯이 발달상 2세 전후부터 '나'라는 개념이 생기는데, 이때쯤부터 아이들은 어제의 자신과 오늘의 자신을 비교하면서 자아 개념을 형성합니다. 이 시기의 아이는 자신이 무엇을 잘하고 무엇이 서투른지 인식합니다. 예를 들어 읽기, 수학, 외모, 신체 능력 등에 대해 질문하면 “나는 책은 잘 읽지만 달리기는 잘 못 한다”는 식으로 대답합니다. 즉 특정 영역에 대한 자신감이 생깁니다.

유아기에는 대부분의 아이가 전반적인 영역에서 자신감을 갖고 있지만, 부모나 교사가 평가하는 능력과 반드시 일치하지는 않습니다. 그러다 좀 더 성장해 아동기에 들어서면 아이 자신이 느끼는 자신감의 정도와 부모, 교사가 보는 능력의 정도가 일치하기 시작합니다. 아이가 자신을 객관적으로 볼 수 있게 되기 때문입니다.

✦ 맹모삼천지교의 과학적 근거

자기효능감은 한번 형성되었다고 계속해서 유지되는 게 아니라 평생 다양한 경험을 하면서 변화합니다. 당연한 이야기처럼 들릴 수도 있지만, 어릴 때는 가정환경의 영향이 무엇보다 중요합니다. 가정마다 부모의 소득, 교육 수준, 양육 방식, 사회적 연결 정도 등에 차이가 있습니다. 여러 자원이 충분한 가정에서 자라는 아이는 다양한 체험을 하고 수많은 도전 기회를 얻으며, 그로 인해 성공 경험을 차곡차곡 쌓을 수 있습니다. 이런 환경에서 자라면 자기효능감이 비교적 쉽게 높아집니다. 반면 가정 내 자원이 충분하지 않은 환경에서 자란 아이는 자기효능감을 높이기 어렵습니다.

청소년기에는 가정 외의 요인으로부터 영향도 받습니다. 특히 친구의 존재는 자기효능감에 큰 영향을 끼칩니다. 십 대 아이들은 친구 관계를 매우 중요하게 생각하고 의존하기 때문에 친구의 영향은 좋든 나쁘든 자기효능감에 다양한 형태로 반영됩니다.

비슷한 사람들끼리 친구가 된다는 말을 들어본 적이 있을 겁니다. 연구 결과로도 입증된 사실입니다. 이런 경향은 한국인, 일본인 같은 아시아인에게 특히 강하게 나타납니다. 서로 관심사가 통하지 않는 사람보다 음악이든 게임이든 소설이든 특정 공통점이 있는 경우 공감대가 잘 형성되기 때문입니다. 이는 어른도 마찬가지입니다.

십 대 시기는 친구들에게 많은 영향을 받기 때문에 함께 어울리는 친구들이 대체로 공부에 열의가 없을 경우 공부와 관련된 자기효능감이 떨어지는 경향을 보입니다. 공부를 전혀 하지 않는 친구를 자주 보게 되면 '나도 공부를 안 해도 되지 않을까' 하는 생각이 들게 마련입니다.

반대로 친구들로부터 학업에 긍정적인 영향을 받는 경우도 있습니다. 나와 같이 노는 친구가 공부를 잘하면 학업 능력에 대한 자기효능감이 상승합니다. 즉 공부를 잘하는 아이와 친한 것만으로도 자신 역시 공부를 잘하는 느낌을 받는 것이죠.

아이들의 자기효능감이 또 한 번 출렁일 때가 있습니다. 초등학교에서 중학교로, 중학교에서 고등학교로 진학할 때입니다. 아이들은 새로운 학교에 진학할 때 적응하는 데 어려움을 겪는다고 많은 전문가가 지적합니다. 건물이 바뀔 뿐 아니라 친구, 교복, 교칙 등 새로운 환경에 적응해야 합니다. 또 학습 내용이 어려워지면서 수업 시간에 당황하는 경우가 많아집니다. 이러한 상황들로 인해 특히 초등학교에서 중학교로 진학할 때 아이들의 자기효능감이 떨어진다는 다양한 연구 결과가 있습니다.

성공의 비밀

자기효능감을 키우려면 많은 성공 경험이 필요합니다. 그러기 위해서는 아이에게 다양한 경험을 쌓을 기회를 제공해야 합니다. 아이가 청소년기에 접어들면 좋은 교우 관계 속에서 자기효능감이 자랍니다. 아이가 친구와 어떠한 관계를 맺고 있는지 부모로서 잘 관찰해봐야 합니다.

06

자기효능감을 키우는 4가지 방법

성공한 사람들은 자기효능감이 높다는 연구 결과가 있습니다. 자기효능감이 높은 사람들은 무슨 일이 주어지든 '난 잘할 수 있을 거야. 한번 도전해봐야겠어'라고 긍정적으로 생각하며 적극적으로 뛰어듭니다. 실패를 하더라도 쉽게 굴하지 않고 성공할 때까지 끊임없이 도전합니다. 실패를 하지 않는 게 아니라 성공할 때까지 하는 겁니다.

그렇다면 자기효능감은 어떻게 해야 높아질까요? 이론적으로 네 가지 방법을 꼽을 수 있습니다.

첫 번째는 '성공 체험'을 하는 겁니다. 예를 들어 아이가 지난 수학 시험에서 좋은 성적을 받았다면 다음 수학 시험도 자신 있게 볼 수 있을 겁니다. 마찬가지로 지난 농구 경기에서 3점 슛을 던질 때마다 높은 확률로 성공했다면 다음 경기에서도 3점 슛을 넣을 수 있다는 자신감이 생길 겁니다.

이 이론으로 아이의 자기효능감을 끌어올릴 수 있습니다. 수학은 엉덩이 힘 싸움이라며 처음부터 어려운 문제를 주고 오랜 시간 고민하며 붙들고 있게 하는 경우가 많습니다. 이는 잘못된 생각입니다. 아이의 수학 자신감을 끌어올리고 싶다면 혼자 힘으로 너끈히 풀 수 있는 쉬운 문제부터 접하게 해야 합니다. 아이의 수학 자기효능감이 단단해지면 차츰 어려운 문제에도 도전하게 되고, 이로 인해 수학 실력이 자라게 됩니다.

두 번째, '타인의 평가'도 자기효능감을 키우는 데 도움이 됩니다. 아이가 댄스 대회를 위해 열심히 춤 연습을 하고 있는데, 평소 존경하는 선생님이 "이 정도 실력이면 다음 대회에서 충분히 입상할 수 있겠다"라고 칭찬을 해주면 아이의 자기효능감이 자랍니다.

다만 모든 사람의 말이 같은 무게를 갖지는 않습니다. 그다지 신뢰하지 않는 선생님이나 춤을 전혀 모르는 주변 사람이 "열심히 하면 잘될 거야" 같은 말을 한다면 자기효능감으로 이어지지 않습니다. 신뢰하는 사람, 존경하는 사람, 그 분야의 전문가가 하는 말일 때 효과가 있습니다.

세 번째는 '대리 경험'을 하는 겁니다. 대리 경험이란 자신과 비슷한 조건에 있는 타인의 성공 경험을 보고 듣는 것입니다. 예를 들어 자신과 비슷한 환경에서 비슷한 학업 능력을 보유한 지인이 자기보다 앞서 목표한 대학에 합격하거나 원하는 직업을 갖는 것을 보면 자신도 원하는 바를 이룰 수 있다는 자신감을 얻을 수 있습니다. 이처럼 나와 비슷한 조건을 갖춘 다른 사람이 잘 되었을 때도 자기효능감을 높일 수 있습니다.

물론 무조건 성공담을 듣는다고 해서 효과가 있는 건 아닙니다. 자신보다 학업 능력이 월등히 뛰어난 사람이 입시에 성공하거나, 경기력이 훨씬 좋은 선배가 프로 축구선수가 되었다고 해서 자기효능감이 향상되진 않습니다. 실력 차이가 큰 사람이 성공하는 경우 그저 "대단하네~"라고 감탄하는 정도로 끝납니다. 자신과 비슷한 수준의 사람이 목적을 이루는 대리 성공 경험이 중요합니다.

마지막으로 '감정 상태와 신체적 감각에 대한 인식'도 자기효능감과 관련이 있습니다. 수업 시간에 발표를 한다고 가정해 봅시다. 우리가 진행한 설문조사에서도 많은 사람 앞에서 발표할 때 긴장되거나 잘하지 못하겠다고 답한 십 대가 꽤 많았습니다. 많은 사람 앞에서 발표할 때 심박수가 증가하고 호흡이 흐트러지거나 땀을 흘리는 등 생리적 반응이 일어나는 경우는 흔합니다. 이는 신체의 스트레스 반응의 일부이므로 사실 아무 문제가 없습니다.

하지만 이런 생리적 반응을 놓고, 불안감 때문에 발표가 잘 안 되는 거라고 느끼는 사람의 경우 자기효능감이 떨어집니다. 반면 당연한 반응이라고 스스로 인식하는 경우 자기효능감에 변화가 없습니다. 발표를 앞두고 긴장할 때 발생하는 생리적 반응은 즐거운 활동을 할 때 느끼는 흥분감과 동일한 측면의 반응입니다. 이처럼 자신의 생리적 반응을 어떻게 해석하고 반응하느냐에 따라 자기효능감이 영향을 받습니다. 아이가 부정적으로 느낄 만한 일, 발표나 시합 등을 앞두고 있다면 사전에 이를 인지시켜주는 것이 좋습니다.

성공의 비밀

자기효능감을 높이는 데에는 다양한 방법이 있습니다. 특히 십대 아이들은 적절한 롤모델을 만나서 긍정적인 피드백을 듣거나 타인의 성공 경험을 보고 영향을 받는 것이 중요합니다. 따라서 아이에게 좋은 롤모델을 찾아주어 직·간접적으로 자극을 받을 수 있게 도와주세요.

· GUIDE ·

자기효능감을 높이는 부모의 역할

자기효능감에 가장 크게 영향을 미치는 건
가정환경, 즉 부모겠지요?
아이의 자기효능감을 키우고 싶다면
아래의 방법을 실천해보세요.

- **칭찬하고 격려하기**

부모가 지나치게 잔소리하고 비난할 경우, 무관심할 경우, 부정적인 피드백을 할 경우 아이는 남에게 실망을 주는 존재로 자신을 받아들이게 됩니다. 반대로 부모의 칭찬 한마디와 긍정적인 피드백은 아이가 자신의 능력을 믿고, 자신의 가치를 인정하게 만듭니다. 아이의 행동을 긍정적인 눈으로 바라보고 사소한 일에도 칭찬해주세요.

- **안전한 환경 제공하기**

아이가 실패를 두려워하지 않고 새로운 것을 시도할 수 있는 안전한 환경을 만들어줍니다. 실패에 직면했을 때 부모가 아이를 격려하고 지지하면 아이는 실패를 통해 자신의 강점과 약점을 인식하고 다시 도전할 용기를 얻을 수 있습니다.

- **모델링 대상 되기**

  아이는 부모를 본보기로 삼기 때문에 무의식중에 부모의 행동을 보고 배웁니다. 부모가 건강한 자존감과 높은 자기효능감을 지니고 있다면 아이 역시 따라갈 가능성이 큽니다.

- **스스로 선택하고 결정할 수 있는 기회 주기**

  자기효능감을 높일 수 있는 가장 효과적인 방법은 아이 스스로 성공할 기회를 제공하는 겁니다. 단, 아이의 입장에서 해낼 수 있는 수준의 난이도여야 합니다. 좌절하지 않고 성취를 맛보는 게 목적이니까요.

07

자기효능감에 성별 차이가 있을까?

"남자아이와 여자아이의 자기효능감에 차이가 있나요? 아들과 딸을 같이 키워 보니, 아들이 자기효능감과 자존감이 더 높은 것 같아요."

자기효능감에 성별 차이가 있다고 생각하는 부모들이 많습니다. 아들과 딸은 다른 방식으로 키워야 한다고 말하는 사람도 있습니다. 남자와 여자는 발달하는 뇌의 영역이 다르고, 행동학적이나 심리학적인 측면에서도 다르기 때문입니다. 그러한 측면에서 보면, 아들과 딸에게 적용해야 하는 학습법도 다를 겁니다. 자기효능감에도 남녀의 차이가 있을까요?

사실 성별 문제는 매우 복잡해서 생물학적인 성별만을 기준으로 명확히 구분할 수는 없습니다. 생물학적 성별과 본인이 인식하는 성별은 반드시 일치하지 않으며, 성적 대상으로 보는 성별이 생물학적 자신과 다를 수도 같을 수도 있기 때문입니다.

특히 청소년기는 자신과 마주하는 시기로, 자신의 성 정체성과도 본격적으로 대면합니다. 체내 성호르몬의 농도가 급변하면서 소위 2차 성징을 통해 신체적으로 여성 혹은 남성의 특징을 갖추기 시작합니다. 이때 자신이 인식하는 성별과 신체적인 성별에 차이가 있으면 정신적으로 고통을 받게 됩니다.

이처럼 성별에는 다양한 접근 방식이 있지만, 일반적으로는 생물학적 성별만을 기준으로 자기효능감의 차이를 연구합니다. 성별을 기준으로 한 자기효능감에 대한 연구 결과는 다양합니다. 개별 연구를 보면 여학생의 자기효능감이 더 높다는 연구, 남학생이 더 높다는 연구, 성별 차이가 없다는 연구 등 다양한 연구 결과가 있습니다.

✦ 미미하지만 차이는 존재한다

다만 여러 가지 연구 데이터를 메타분석한 결과에서는 전체적인 차이는 크지 않지만, 남성의 자기효능감이 약간 더 높다고 보고됩니다.[4-2] 특히 학업 능력에 초점을 맞춘 메타분석 연구에 따르면 남학생들의 자기효능감이 여학생들의 자기효능감보다 더 높다고 나타났습니다. 그러나 과목별로 보면 또 달라집니다. 수학이나 컴퓨터 과목은 남학생들의 자기효능감이 더 높은 반면 국어와 미술 같은 과목은 여학생들의 자기효능감이 더 높다는 결과가 나왔습니다.

흥미로운 점은 나이에 따라 성별 차이가 다르다는 점입니다. 연구가 가장 많이 이루어지고 있는 수학의 경우 14세 이하에서는 수학에 대한 자기효능감의 성별 차이가 유의미하게 나타나지 않았습니다. 그러다가 15세 이상, 즉 고등학생이 되면 수학에 대한 자기효능감의 성별 차이가 확연히 나타납니다.

일반적으로 수학은 남성이 더 잘한다는 일종의 고정관념이 있습니다. 그런데 조사를 통해 알게 된 사실은 그런 고정관념이 들어맞는 시기는 초등학생 때부터였습니다. 이러한 정확하지 않은 어른들의 고정관념이 실제로 아이의 학업 능력과 자기효능감으로 이어질 수 있으므로 아이를 키우는 입장에서 고정관념을 아이에게 전달하지 않도록 유의해야 합니다. 특히 여자아이의 경우 일찍부터 수학에 대해 부정적인 감정을 갖지 않도록 하는 것이 중요합니다.

성공의 비밀

'여자아이는 남자아이보다 수학과 과학을 못한다'거나 '수학과 과학은 어려운 과목이다'라는 편견을 갖고 있다면, 부모의 고정관념이 수학과 과학에 대한 아이의 흥미를 낮출 수 있습니다. 설사 부모는 그렇게 느끼더라도 아이에게는 응원과 지지만 표현하는 것이 좋습니다.

08

공부 잘하는 아이가 자기효능감도 높다

자기효능감은 자신감이고 어떻게 보면 신념일 수도 있습니다. 이 추상적인 개념이 실제 행동이나 능력과 어떠한 관련이 있는지, 자기효능감과 학업 능력을 통해 살펴보겠습니다.

학업 능력과 학업 능력에 대한 자기효능감 연구는 매우 많습니다. 이를 정리한 메타분석을 보면 둘 사이는 정적인 상관관계가 있습니다. 즉 아이의 학업 능력이 높으면 그 아이의 학업 능력에 관한 자기효능감도 높습니다.

문제는 닭이 먼저냐, 달걀이 먼저냐 하는 겁니다. 즉 학업 능력이 우수해서 학업 능력에 관한 자기효능감이 높아지는 건지, 학업 능력에 관한 자기효능감이 높아서 학업 능력이 우수해지는 건지가 핵심입니다. 특히 아이나 제자의 학업 능력을 높이고 싶은 부모와 교사는 아이의 자기효능감을 높이면 학업 능력이 향상될 것인가에 주목할 겁니다.

앞서 말했듯 성공 경험은 자기효능감을 높입니다. 그렇다면 좋은 성적을 받은 경험이 쌓일수록 학업 능력에 관한 자기효능감이 커질 겁니다. 실제로 적지 않은 연구자들이 학업 능력의 자기효능감은 어디까지나 학업 능력의 결과물라고 주장합니다. 이를 뒷받침하는 많은 자료도 보고된 바 있습니다.

반대로 높은 자기효능감이 학업 능력의 향상으로 이어진다는 사실도 밝혀졌습니다. 자신감 있는 아이는 수업 시간 중 학습에 대한 동기부여가 높은 편입니다. 또 자기효능감이 높은 아이는 자신이 설정한 목표를 달성하면, 더 높은 목표를 스스로 설정합니다. 이로 인해 공부를 꾸준히 하거나 더 어려운 수업을 찾아 들어 성적이 향상된다고 보고되었습니다.

✦ 성적으로 자기효능감 끌어올리기

이처럼 학업 능력과 학업 능력에 관한 자기효능감은 서로 영향을 미칩니다. 메타분석에서도 대체로 이런 결론을 지지합니다.[4-3] 다만 영향력 측면에서 볼 때 높은 학업 능력이 학업 능력에 관한 자기효능감에 미치는 영향이 좀 더 크다고 말합니다. 학업 능력에 관한 자기효능감도 학업 능력에 영향을 미치지만, 상대적으로 영향이 적은 셈이지요. 자기효능감이 학업 능력에 영향을 준다고 하더라도 당연히 실제 학업 능력 자체가 뛰어난 것이 더 중요합니다.

한 연구에서는 수학 능력과 수학 자기효능감 수준이 다른 집단들을 구분해 놓고 어려운 수학 문제를 낸 뒤 성적을 비교했습니다. 그 결과 수학 능력이 보통인 학생 그룹 중 수학 자기효능감이 높은 학생은 수학 자기효능감이 낮은 학생보다 어려운 문제를 풀 때 정답률이 20%나 높았습니다.

아이가 수학 능력이 뛰어나지만 수학 자기효능감이 낮다면, 수학 자기효능감을 키울 수 있도록 부모가 지속적으로 관심을 가져야 합니다. 그래야 수학 능력을 더욱 향상시키는 데 도움이 됩니다.

성공의 비밀

아이의 현재 성적도 중요하지만, 아이의 학업에 대한 자신감을 찾는 것도 중요합니다. 학업 자기효능감이 높은 아이는 공부가 어려워져도 더 발전할 가능성이 크지만, 반대의 경우 공부할 내용이 조금만 어려워지면 금세 무너질 수 있습니다.

강력한 운동의 힘

국가대표 운동선수들을 보면 늘 자신감이 넘칩니다. "이번에는 반드시 1등 할 자신이 있습니다"고 말하는 모습이 참 멋있어 보입니다. 그들의 자기효능감은 어떨까요? 자기효능감과 운동 사이의 관계에 대해 생각해봅시다.

뛰어난 운동 지도자들은 시합에 참가하는 선수들에게 "자신의 능력을 믿으라"고 기운을 불어넣습니다. '자신을 믿어라'라는 말을 하는 데는 과학적 근거가 있을까요? 그 말이 늘 통하는 마법의 말은 아닙니다. 평소에 연습을 열심히 하지 않은 선수가 자신을 믿어봤자 별 의미가 없을 겁니다. 또 열심히 가르치지 않던 지도자가 근성론만 내세우며 "너 자신을 믿으면 다 된다"라고 말한다면 선수들이 무엇을 믿어야 할지 잘 모를 수밖에 없습니다.

자신을 믿는다는 건 자신감, 즉 자기효능감입니다. 자기효능감이 운동 성적에 영향을 미친다는 연구 결과가 많습니다. 이는 프로 운동선수와 아마추어 운동선수 모두에게 해당됩니다. 자신의 실력에 대한 자기효능감이 강한 운동선수는 자기효능감이 약한 선수보다 더 뛰어난 성과를 내는 것으로 보고되고 있습니다.

✦ 자기효능감이 낮다면 팀 운동을 시켜라

테니스나 골프 같은 개인 종목이든 농구나 축구 같은 팀 종목이든, 각각의 선수들이 자기효능감을 느끼는 것이 무엇보다 중요합니다. 다만 팀 운동의 경우 개개인의 자기효능감뿐 아니라 집단의 효능감도 있습니다. 집단효능감은 자기효능감을 집단으로 확장한 개념으로, 집단이 공유하는 유능감이나 자신감을 의미합니다. 즉 팀원이 함께 공유하는 '우리는 강하다!'라는 의식입니다.

집단효능감이 높은 팀은 집단효능감이 낮은 팀보다 더 우수한 성과를 낸다는 연구 결과도 있습니다. 특히 팀워크가 요구되는 경기의 경우 집단효능감이 더 중요해집니다. 우리나라뿐 아니라 일본의 연구에서도 핸드볼과 농구의 집단효능감과 팀이 대회에서 내는 성과 사이에 정적인 관계가 있다고 나타났습니다.[4-4]

주목할 점은 연습경기에서 성과가 좋으면 그것이 집단효능감으로 이어질 가능성이 있고, 결과적으로 실제 대회에서도 좋은 성과를 올릴 수 있다는 것입니다.

성공의 비밀

아이가 공부에 흥미가 없다면 야구, 축구처럼 친구들과 함께 할 수 있는 운동 분야를 경험하게 하는 것이 좋습니다. 성적이 좋은 학습 동아리에 속하게 하는 것도 좋습니다. 자기효능감이 낮은 아이도 강한 팀에 속하게 되면 집단효능감의 영향을 받아 자기효능감을 키울 수 있고, 성공 경험을 내재화할 수 있습니다.

4장 핵심 노트

자기효능감은 어떤 과제나 상황에서의 행동에 대해 자신감을 가지거나 확신하는 정도를 뜻합니다. 자기효능감은 특정한 내용에 국한되지 않는 '일반성 자기효능감'과 개별적인 분야에 대해 자신감을 느끼는 '영역별 자기효능감'으로 구분됩니다.

자존감은 자기 자신을 어느 정도 긍정적으로 보고 있는지, 스스로 좋아하는지, 또 자신을 가치 있는 사람이라고 생각하는지에 대한 마음입니다. 자기효능감과 자존감은 기본적으로 다른 개념입니다. 특정한 일에 대해 '자신이 없다'고 생각하는 것은 자기효능감과 관련된 문제고, '나는 나를 좋아하지 않는다'와 관련된 것은 자존감입니다.

자기효능감은 한 번 형성되었다고 해서 계속 일정하게 유지되는 게 아닙니다. 평생 다양한 경험을 하면서 변화합니다. 어릴 때는 가정환경의 영향이 중요하고, 십 대 때는 다양한 친구로부터 자기효능감에 대한 영향을 받습니다.

자기효능감을 높이는 방법에는 네 가지가 있습니다. '성공 체험'과 '타인의 평가', '대리 경험', '감정 상태와 신체적 감각에 대한 인식'입니다. 다만 이 네 가지 중 어떤 요인이 더 중요한지는 자기효능감의 영역에 따라 달라지므로 내 아이에게 맞는 적절한 전략을 찾아야 합니다.

✎ 아이의 학업 능력이 높으면 학업 능력에 관한 자기효능감도 높습니다. 학업 능력에 관한 자기효능감도 학업 능력에 영향을 미치지만, 그 영향은 그리 크지 않습니다.

✎ 집단효능감은 자기효능감을 집단으로 확장한 개념으로, 집단이 공유하는 유능감이나 자신감을 의미합니다. 즉 팀 내에서 공유하는 '우리는 강하다!'라는 의식입니다.

5장

감정 지능, 타인과 소통하고 관계 맺는 능력

세상에는 나 자신뿐 아니라 타인도 존재합니다. 아이들은 현재 다니는 학교는 물론 성인이 되면 직장이나 지역사회 등 다양한 집단에 소속되어 그곳에 속한 사람들과 어울려야 하죠. 그러려면 다른 사람들과 잘 어울리는 능력이 필요합니다. 특히 타인과 소통하려면 자신의 감정과 다른 사람의 감정도 이해할 수 있어야 합니다. 이번 장에서는 관계 맺기의 핵심 요소인 감정과 관련 있는 '감정 지능'에 대해 알아보겠습니다.

01

타인을 대하는 방식이 달라진다

"오늘도 헛발질을 했어요. 친구의 그 표정, 분명히 화가 난 줄 알았는데 그게 아니었어요. 모처럼 친구에게 도움이 되고 싶었는데 짜증 난다는 말이나 듣고…. 저는 친구들의 마음을 잘 모르겠어요. 표정뿐 아니라 여러 가지를 생각해야 하나 봐요. 그게 어려워요. 다른 친구들도 저처럼 다른 사람의 마음을 알아차리는 걸 어려워할까요? 도무지 모르겠어요."

가족보다 친구와 연인을 더 소중하게 생각하는 십 대 중에는 이런 고민을 하는 아이들이 많습니다. 또래에게 어떻게 받아들여지는지 민감하게 반응하고 사소한 일로도 정신적으로 힘들어합니다. 그러면서 타인을 대하는 방식에 큰 변화가 생깁니다. 또 자신에 대해서도 깊이 생각하게 됩니다. 이러한 과정을 통해 자신과 타인의 사회적 네트워크를 형성합니다. 이 시기를 연구자들은 '사회성의 민감기'라고 부릅니다.

민감기는 어떠한 능력을 획득하기 위해 특별한 감수성이 발휘되는 시기를 말합니다. 쉽게 말해 '골든타임'이라고나 할까요. 예를 들어 언어는 어른이 된 후보다 영유아기에 더 배우기 쉽다고 전문가들은 설명합니다. 물론 어른이 되고 나서도 언어를 배울 수 있지만 영유아기 때보다 습득하는 속도가 더디고 어렵습니다. 언어 습득에 대해서는 영유아기가 민감기인 셈입니다. 언어 외에도 많은 능력의 민감기는 태어난 지 얼마 되지 않은 영유아기에 몰려있는 경우가 대부분입니다. 그런데 최근에는 십 대 시기가 사회성의 일부를 습득하는 데 민감한 시기, 즉 민감기라는 주장이 제기되고 있습니다.[5-1]

✦ 사회적 뇌가 변하기 시작한다

그 이유는 앞에서 말했듯이 십 대에는 친구가 가족보다 중요해지는 식으로 사회적 환경이 변화하는데 이에 직면하고 대처하기 위해 '사회적 뇌'라고 불리는 특정 뇌 영역이 발달하기 때문입니다.

사회적 뇌란 다른 사람과 교류하고 그들을 이해하는 능력에 관여하는 뇌 영역의 네트워크입니다. 우리는 사회적 뇌 발달을 통해 표정과 행동을 인식하고 다른 사람의 마음을 헤아리며 모방할 수 있게 됩니다. 내측 전전두엽, 측두엽 접합부, 상측 측두엽 피질과 같은 뇌의 여러 영역이 관여하는 매우 복잡한 네트워크입니다.

뒤에서 더 자세히 설명하겠지만, 어린아이조차 타인의 표정과 마음을 이해하는 감수성을 지니고 있습니다. 즉 사회적 뇌 자체는 어릴 때부터 작동합니다. 하지만 이 뇌 네트워크가 발달하려면 매우 오랜 시간이 걸립니다. 그러다 특히 십 대에 큰 변화를 겪는 경우가 많습니다.

연구자들은 이런 사회적 뇌의 변화 때문에 십 대 아이들이 사회적 환경에서 나오는 신호에 민감해지는 것으로 추측합니다. 친구와 연인의 스치는 표정이나 몸짓을 보며 그들이 무엇을 생각하고 있는지, 자신을 어떻게 생각하는지, 자신을 좋게 받아들이고 있는지, 아니면 겉보기에만 그렇게 보일 뿐 사실은 그렇지 않은지 머릿속이 복잡해집니다. 현재는 가설 단계로 볼 수 있지만, 십 대에게 일어나는 사회성의 변화를 설명하는 데 흥미로운 연구 주제입니다.

난제 중의 난제, 친구와 잘 지내기

"가끔 친구가 귀찮아질 때가 있는데 어떻게 하면 될까요?"
"한 친구와 다른 친구 사이에 샌드위치 신세가 되어서 곤란해요."
"친한 친구들이 아닌 다른 사람들은 어떻게 대해야 할지 잘 모르겠어요."
"세 명이 나란히 걸을 때 어느 쪽에 서야 할까요?"
"사이 좋았던 친구가 다른 반이 되었는데 얼마나 친하게 지내야 할지 모르겠어요."

십 대 아이들을 대상으로 실시한 설문조사의 답변을 보면 주로 인간관계에 대한 고민이 다방면에 걸쳐 있습니다. 아이들의 고민에 공감이 가나요? 대다수의 설문 참여자가 위의 사례처럼 친구를 어떻게 사귀고 대해야 할지 고민하고 있습니다.

친한 친구라 하더라도 자신을 독점하려고 하거나 둘만 보내는 시간이 너무 길어지면 거리를 두고 싶어질 수 있습니다. 또 무리에서만 통하는 말과 행동에 너무 적응한 결과, 그 무리 이외의 사람들과 의사소통하는 데 어려움을 겪을 수도 있습니다. 세 사람이 함께 걸을 때의 자리 문제는 성인이 되어도 참 어려운 문제입니다. 세 명이 나란히 걸을 만한 공간이 부족한 길에서 앞뒤로 갈 때 혼자 뒤따라가면 불안해지기도 합니다. 친구들과 어울리는 방식에 대한 질문에는 아래와 같은 고민이 공통적으로 나타납니다.

"어떻게 하면 다른 사람의 마음을 알 수 있는지 알려주세요."

"상대방이 원하는 대답이 뭔지 모르겠어요."

친구든 가족이든 모두 타인입니다. 아무리 많은 시간을 함께 보내도 그 사람의 마음을 완전히 이해하고 추측하기는 쉽지 않습니다. 상황에 따라 달라지기도 하고요. 십 대에게 친구 관계를 비롯한 인간관계는 결코 쉬운 문제가 아닙니다. 관계 면에서는 이제 막 발걸음을 뗀 초보이지요. 아이들은 타인의 감정을 읽고 이해하는 능력을 이제 막 키워나가기 시작했으니까요.

성공의 비밀

아이가 친구와의 관계로 고민하기 시작했다면 '사회적 뇌가 발달하고 있구나!' 하고 이해해주세요. 지금 아이는 인간관계에 긍정적으로 작용할 사회성이 무럭무럭 자라고 있는 중입니다. 이때 해결책을 제시해주기보다 아이 스스로 친구와의 갈등을 극복할 수 있도록 기다려주세요. 아이가 한 걸음 더 성장하는 데 좋은 자양분이 될 겁니다.

02

감정에 대한 이해

다른 사람의 감정을 온전히 파악하고 이해하는 건 십 대에게는 고난도 과제입니다. 자신의 감정도 요동치고 있어 자기 마음조차 정확히 알기 어렵기 때문이죠. 아이에게 감정에 대해 어떻게 알려주어야 할까요?

우선 감정이 무엇인지부터 알아보겠습니다. 감정이 어떻게 발달하는지도 살펴보지요. 그러면 다른 사람들이 보내는 민감한 신호를 아이가 쉽게 이해할 수 있도록 도와줄 수 있습니다.

심리학에서는 'Emotion'을 '정서'라는 단어로 표현하는 경우가 많습니다. 그리고 감정과 정서의 차이에 대해서도 다양한 논의가 이뤄지고 있습니다. 하지만 여기에서는 일반적으로 통용되는 감정이라는 단어를 사용하겠습니다.

누군가와 의견 다툼을 하던 중 상대가 "너 굉장히 감정적이구나!"라는 말을 한다면 어떤 느낌이 들까요? 별로 좋은 이야기가 아닌 것처럼 들립니다. 감정, 특히 분노와 슬픔 같은 감정은 이성을 흔드는 부정적인 감정으로 치부되는 경우가 많습니다.

하지만 지난 수십 년간의 심리학 연구 결과, 감정에 대한 관점이 많이 변화하고 있습니다. 최근에는 감정이 이성을 흐트러뜨리는 게 아니라 이성과 어우러져 더 유익한 행동을 만들어내는 것으로 밝혀졌습니다. 나아가 감정을 잘 받아들이고 활용하는 능력이 뛰어날수록 자신을 마주하거나 다른 사람과 어울리는 데 많은 도움이 된다고 보고되었습니다.

✦ 자랄수록 감정이 다양해진다

감정은 어떤 과정을 통해 발달할까요? 아기나 아이는 감정을 말로 표현하지 못하기 때문에 우리는 아기의 표정과 행동을 보고 판단합니다. 인간은 신생아 때도 즐거움과 불편함을 구별할 수 있습니다. 예를 들어 달콤한 간식을 주면 기분 좋은 표정을 짓고, 쓴맛이 나는 음식을 주면 기분 나쁜 표정을 짓습니다. 이후 자라면서 즐거운 감정은 기쁨의 감정으로, 불쾌한 감정은 분노, 슬픔, 두려움 등으로 분화해 발전합니다. 이렇게 영유아기부터 나타나며 국가와 문화를 막론하고 거의 모든 인류에 통용되는 이러한 감정을 '기본 감정'이라고 합니다.

사람은 두 살 정도가 되면 자의식이 생깁니다. 이 시기 아이들은 거울에 비친 모습이나 사진에 찍힌 자신을 '나'로 인식하고 자기 이름을 부를 수 있습니다. 자의식을 발견함과 동시에 내면에서는 자부심, 수치심, 죄책감 같은 복잡한 감정도 발달합니다. 이는 나와 타인을 구분하고, 자신의 행동에 대한 타인의 평가를 인식하면서 발생하는 감정입니다. 자부심은 자신의 행동에 대한 긍정적인 평가를 통해 생기고, 수치심은 규칙이나 기대를 벗어난 자신의 행동을 타인에게 들켰을 때 생기는 감정입니다. 이러한 복잡한 감정들을 기본 감정과 대비해 '고차원적 감정'이라고 부릅니다.

사실 눈으로만 봐서는 미묘한 감정의 변화를 판단하기 어렵기 때문에 실험실에서는 기기를 사용해 감정 변화를 측정합니다. '서모그래피'라는 기기는 얼굴의 온도 변화를 측정해 어떤 감정을 느끼고 있는지 파악합니다. 한 연구에서 유아들을 대상으로 고차원적 감정을 측정하기 위해 서모그래피를 이용했습니다. 관찰 결과, 실험에 참여한 5세 아이의 경우 거짓말이 드러나자 코의 온도에 변화가 나타났습니다. 이는 아이가 거짓말을 들키자 부끄러움을 느꼈을 가능성을 보여주는 결과입니다.

✦ 타인의 감정을 읽는 능력이 자란다

인간은 자신의 감정을 다양하게 발달시키는 동시에 타인의 감정을 이해하는 능력도 기릅니다. 태어난 지 약 6개월이 지나면 아기는 다른 사람의 표정을 구별할 수 있습니다. 부모가 짓는 웃는 얼굴, 화난 얼굴, 슬픈 얼굴, 두려운 얼굴을 통해 기본 감정을 구별합니다. 간혹 아기는 아무것도 모르니까 아기 앞에서는 뭐든 해도 괜찮을 거라고 생각하는 사람들이 있습니다. 하지만 많은 연구에서 자신을 향해 웃는 얼굴과 화가 난 얼굴은 태어난 지 얼마 되지 않은 아기도 알아볼 수 있다고 설명합니다.

타인의 감정을 읽기는 하지만 의미를 정확히 이해하는 데는 시간이 좀 걸립니다. 아기는 생후 1년쯤부터 표정이 담고 있는 의미를 이해하기 시작합니다. 아이의 행동을 보면 이 사실을 알 수 있습니다. 화난 얼굴을 하고 있는 사람에게 아이는 선뜻 다가가지 않습니다. 반대로 웃는 사람에게는 가까이 다가갑니다.

언어가 발달하는 3세 이후가 되면 웃는 얼굴과 '기쁘다'는 단어, 우는 얼굴과 '슬프다'는 단어처럼 표정과 감정 단어를 연결해 생각할 수 있습니다.

5~6세 무렵이 되면 좀 더 복잡한 감정도 이해합니다. 예를 들어 슬플 때 좋아하는 인형을 끌어안거나 좋아하는 강아지 그

림을 보면 슬픔이 완화된다는 것을 알아차립니다. 이렇게 스스로 감정을 조절할 수 있다는 사실을 서서히 알게 됩니다. 나아가 감정을 숨기는 법도 자연스레 습득합니다. 유치원 같은 반 친구는 선생님에게 혼이 났지만 자기는 칭찬을 받았다면 친구 앞에서 기쁜 얼굴을 하지 않으려 노력합니다.

8~9세가 되면 혼합된 감정을 이해할 수 있습니다. 예를 들어 자전거를 타는 것은 무섭지만 한편으로는 즐겁다는 걸 느낍니다. 즉 조금 더 복잡한 감정을 이해합니다. 그렇다고 해도 십 대 이전에는 주로 기본 감정에 대해 이해하는 수준에 그치는 경우가 많습니다.

✦ 고도의 감정 인지가 시작되는 시간

십 대가 되면 어떤 감정들을 새롭게 알게 될까요? 청소년기 특유의 감정 변화에 대해서는 이제 막 연구가 시작되었지만, 매우 흥미로운 결과가 보고되고 있습니다.

십 대에게 공부나 친구만큼 중요한 이슈를 꼽자면 바로 연애일 겁니다. 한창 연예인을 열성적으로 좋아하는 십 대 시기는 자신의 성적 지향성을 자각하게 되는 시기이기도 합니다. 외모를 가꾸는 것에 눈을 떠 외부의 시선을 의식하며 치장하는

데 시간과 정성을 쏟는가 하면, 내면적으로 좀 더 멋있어 보이도록 성장하려고 노력합니다.

그중에서도 특히 자신이 성적으로 관심이 있는 성별인 사람의 표정에 대한 민감도가 높아진다는 연구 결과가 있습니다. 그와 관련된 실험을 예로 들어보겠습니다.

실험의 내용은 이렇습니다. 한 남성이 길을 걷고 있는데 벤치에 앉아 있는 아주 멋진 여자가 보입니다. 여성은 남성과 눈이 마주치자 방긋 웃어줍니다. 이 여성의 표정은 영유아도 이해할 수 있는 단순한 기쁨의 표정일까요, 아니면 남성에게 이성적으로 관심이 있어서 보인 표정일까요? 실험은 이것을 질문합니다.

실제 연구는 좀 더 구체적이고 다양한 상황을 설정합니다.[5-2] 우선 여성 모델을 고용해 무표정한 얼굴을 촬영합니다. 그다음 성적으로 끌리는 남성을 볼 때 짓는 미소를 촬영합니다. 성적으로 관심이 있을 때 짓는 미소는 눈썹을 살짝 찌푸리며 웃음을 짓는 표정입니다.

연구자들은 이 두 장의 사진을 컴퓨터로 합성해 성적 관심도 수준을 조정할 수 있도록 얼굴 표정을 만들었습니다. 사실상 무표정인 0%에서 성적인 관심을 전면에 드러나는 100%까지 다양한 표정을 만들었습니다. 70% 정도면 성적으로 관심을 어느 정도 보이는 얼굴이고, 20%는 무표정에 가깝습니다.

50%는 그 중간입니다.

실험 참여자들은 여성에게 이성적으로 끌리는, 신체적으로나 심리적으로나 남성입니다. 연구자들은 두 장의 사진을 보여주며, 어느 쪽 표정의 여성이 더 성적으로 관심을 보이는 것 같은지 물었습니다.

처음에는 0%와 64%의 사진을 보여주고 물어보자 비교적 어렵지 않게 대답했습니다. 참여자들은 당연히 정답인 64%를 골랐습니다. 그러나 점점 더 구분이 어려워지는 사진이 제시되고, 참여자가 5번 틀리면 실험은 종료됩니다. 이 실험을 통해 참여자가 얼마나 이성의 표정을 잘 구분할 수 있는지 알 수 있습니다.

실험은 성적 흥미를 느끼는 표정뿐 아니라 상대를 모욕하는 표정도 측정했습니다. 모욕 같은 감정 표현은 연애 관계가 아니라 친구 관계에서 매우 중요합니다. 누가 자신을 모욕하고 있는지 알아보는 능력, 내가 남들에게 모욕의 표정을 잘못 짓고 있는지 알아차리는 힘은 타인과 관계를 맺을 때 필요합니다. 특히 십 대 아이들은 사이가 좋지 않은 무리로부터 모욕적인 표정을 발견하고 시비가 붙기도 하는데, 이것도 표정 인지의 발달 때문에 시작되는 갈등입니다.

일련의 연구 결과에 따르면, 초등학교 저학년부터 중학생까지는 성적인 관심이나 모욕 등의 복잡한 표정을 잘 구분하지 못했습니다. 다만 초등학교 고학년부터 중학교로 갈수록 표정에 대한 이해력이 높아지는 것으로 나타났습니다. 특히 성적 성숙이 진행되고 있는 그룹은 그렇지 않은 그룹보다 복잡한 표정을 알아보는 데 더 좋은 성과를 보이는 것으로 밝혀졌습니다. 즉 사춘기에는 성적 흥미나 모욕과 같은 복잡한 표정에 대한 감수성이 높아진다는 뜻입니다. 주목할 점은 두 표정 모두 사춘기의 중대사인 연애와 또래 관계와 관련이 있다는 겁니다.

성공의 비밀

아이가 또래에 비해 성장 속도가 늦다면 또래 사이에서 다소 눈치 없는 행동을 할 수 있습니다. 친구가 좋아한다는 신호를 보내도 무심코 지나치거나, 무시하는 표정을 해도 잘 읽지 못하기 때문입니다. 아이가 미묘한 감정 차이를 알아차리는 데 미숙해 또래 관계에서 어려움을 겪는다면 다른 사람이 표현하는 감정 신호에 대해 미리 지도해주세요. 고개 끄덕이기, 입가에 미소 짓기, 찡그리거나 고개 돌리기 등 감정을 담은 비언어적 대화 기술은 대인 관계에 큰 도움이 될 겁니다.

03

가장 중요한 인간관계의 기술, 감정 지능

"자신의 감정과 타인의 감정을 잘 이해하는 게 그렇게 중요한 문제인가요?"

감정을 이해하는 것은 다른 사람과 관계를 맺는 데 기본이 되기 때문에 매우 중요합니다. 예를 들어보겠습니다. 학교가 끝나고 아이가 몹시 화가 난 상태로 집으로 돌아왔습니다. 무슨 일이 있었는지 묻자 아이가 흥분한 상태로 설명하기 시작합니다. 쉬는 시간에 친한 친구에게 말을 걸려고 쳐다봤는데 친구가 그 순간 한숨을 내쉬며 고개를 돌렸다는 겁니다. 그 모습을 본 아이는 화가 나서 친구에게 다가가 왜 고개를 돌렸는지

따졌습니다. 친구는 다른 고민이 있어서 그런 행동을 한 거라고 말했지만, 아이는 이미 화가 나고 속이 상했습니다. 그 상태로 집으로 돌아온 아이는 친구와 더 이상 친하게 지내지 못할 것 같다며 우울해합니다. 아이의 속상한 마음이야 이해가 가지만, 아이는 친구의 감정을 이해하지 못한 상태에서 행동을 보고 오해한 상황입니다.

감정을 읽는 능력이 떨어지면 사회에 나가서도 비슷한 어려움을 겪을 수 있습니다. 회의 시간 때 팀장의 표정이 조금 좋지 않아 보여 심각하게 압박감을 느낀다거나, 누군가 업무적으로 도움을 주었을 뿐인데 이성적 관심으로 느껴 실수를 했다는 사례를 종종 접하곤 합니다.

다른 사람의 감정을 잘 이해하지 못하면 그들의 행동을 오해해 불필요한 갈등이 야기되기 쉽습니다. 결국 타인과 관계를 유지하는 데 어려움을 겪게 됩니다. 우리는 다른 사람과의 관계를 떠나 살 수 없기 때문에 타인의 감정을 인지하고 이해하는 것은 매우 중요합니다.

비인지 능력인 감정 지능이 필요한 까닭입니다. 심리학에서는 '정서 지능'이라고 표현하는 경우도 많은데, 이 책에서는 정서 대신에 감정이라는 말을 사용하므로 '감정 지능'이라고 표현하겠습니다.

✦ 감정 지능이란 무엇인가

감정 지능은 비인지 능력 중 가장 대표적인 능력이라고 할 수 있습니다. 앞에서 언급했듯 지능을 나타내는 지표로 지능지수가 가장 보편적으로 사용되지만, 이것만으로는 사람의 현명함 정도를 파악할 수 없습니다. 공부는 잘하지만 다른 사람의 마음을 이해하지 못하거나 다른 사람과 협업을 하지 못해 어려움을 겪는 사람들도 많기 때문입니다.

IQ만으로는 인간의 지혜로움을 측정할 수 없다는 지적은 비인지 능력이 주목받기 훨씬 전부터 있었습니다. 지능을 언어·수학·신체·공간·음악·대인관계·성찰·자연사 등 다양한 영역으로 나누어 측정하는 다중지능 이론을 주장하는 사람도 있습니다. 다중지능 이론은 해당 주장을 뒷받침할 만한 데이터가 부족하다는 문제가 있지만, IQ만으로는 인간의 전체적인 능력을 파악할 수 없다고 주장한 데서 매우 유의미한 제안으로 여겨집니다. 감정 지능은 이러한 맥락에서 20세기 말부터 주요한 지능으로 떠올랐습니다.

감정 지능은 자신과 타인의 감정을 이해하고 구분하여 일상적 행동에 활용하는 힘을 가리킵니다. 여기서 '일상적 행동에 활용한다'는 부분이 중요합니다. 감정을 이해할 뿐 아니라 그 감정을 적절한 행동으로 연결하는 것까지 포함하기 때문에 의미가 더욱 큽니다.

심리학이 발달하며 사람에 대한 연구가 다층적으로 이루어지면서 감정 지능의 중요성을 강조해야 한다는 사회적 요구도 커졌습니다. 제가 고등학생 때 대니얼 골먼의 《EQ 감성지능》이라는 책이 출간되어 세계적인 베스트셀러가 되었습니다. 한국에서도 큰 화제가 되었죠.

EQ는 IQ가 다루지 않는 영역들을 측정하며 주목받았습니다. 기억력, 정보 처리 능력과 관련이 있는 IQ와 달리 EQ는 사회적인 능력과 관련이 있습니다. 이것이 성공하는 데 매우 중요한 능력으로 다뤄지면서 관심을 끌었습니다. IQ와 학업 능력을 따지는 데만 편중된 사회에 불만을 품은 사람들이 많았기 때문에 EQ 개념이 등장했을 때 더 폭발적인 반응이 일어났을 거라 짐작합니다.

성공의 비밀

감정 지능은 비인지 능력 중 가장 대표적인 능력으로 꼽을 만큼 매우 중요합니다. 감정을 이해하는 것은 다른 사람과 관계를 맺는 첫 시작이기 때문입니다. 다양한 감정이 새롭게 느껴지는 십 대 시기는 아이가 자신과 타인의 복잡한 감정을 잘 이해하고, 그에 적절한 행동을 할 수 있도록 지도할 때입니다.

04

감정 지능의 4가지 영역

감정 지능에 대해 더 자세히 알아봅시다. 현재 다양한 연구가 이뤄지고 있는데, 그중에서 몇 가지 유명한 이론을 소개하겠습니다. 감정 지능은 크게 네 가지 측면으로 구성됩니다.[5-3] 첫 번째는 감정을 인지하는 것, 두 번째는 감정을 이용하는 것, 세 번째는 감정을 이해하는 것, 네 번째는 감정을 관리하는 것입니다.

감정 인지란 자신의 감정과 타인의 감정을 올바르게 파악하고, 자신의 감정을 다른 사람에게 정확하게 표현하는 능력을 말합니다. 예를 들어 다른 사람의 얼굴을 보고 그 사람이 어떤 감정인지 정확하게 파악하는 것입니다. 웃고, 울고, 슬퍼하는 기본 감정은 물론 입꼬리는 올라가지만 눈썹과 눈두덩이가 움직이지 않는 걸 보고 가짜 웃음을 짓는다는 것도 알아채는 능력입니다.

감정 이용이란 생성된 감정을 어떤 형태로든 사고에 활용하는 능력입니다. 예를 들어 독창적인 아이디어를 만들어내려면 긍정적인 감정이 중요합니다. 그래서 아이디어를 끌어내야 할 때 좋아하는 음악을 틀거나 기분 좋은 방향제를 뿌리는 등 감정을 이용해 행동을 조절할 수 있습니다.

감정 이해란 한 감정과 다른 감정이 결합되었을 때 어떤 감정이 생기는지 알거나, 또는 어떤 감정이 생긴 원인이 무엇이고 어떤 결과로 이어질지 추측하는 능력입니다. 〈인사이드 아웃〉이라는 영화를 보면 십 대 소녀인 주인공이 등장합니다. 소녀는 어느 날 각각 존재하던 슬픔과 기쁨이라는 감정이 내면에서 결합되는 경험을 합니다. 주인공은 어린 시절로 돌아갈 수 없다는 데서 깊은 슬픔을 느끼지만, 이내 그 속에 담겨 있던 기쁨도 함께 느낄 수 있게 되면서 한층 성장합니다. 감정 이해가 발달하면 할 일이 너무 많아서 스트레스를 받고 불안해하는 친구에게 추가로 일을 부탁하면 안 된다는 사실을 알게 됩니다.

감정 관리란 상황에 따라 자신의 감정을 조절하고, 다른 사람의 감정에 적절하게 대처하는 능력입니다. 자신의 감정만 관리한다면 실행 기능과 유사하지만, 다른 사람의 감정에 대한 적절한 대응이나 행동을 포함한 개념이라는 점에서 실행 기능과 다릅니다.

이렇듯 감정 지능은 자신과 타인의 감정과 관계되는 능력입니다. 또 단순히 감정을 느낄 뿐 아니라 이용하고 조절하는 등 일상적인 행동에 활용할 수 있는 미래의 중요한 역량입니다.

성 공 의 비 밀

감정 지능은 십 대뿐 아니라 성인이 되었을 때 사회적 상호작용과 성공에 중요한 역할을 합니다. 아이의 감정 지능이 잘 자라고 있는지를 네 가지 영역인 인지, 이용, 이해, 관리 측면으로 나누어 관찰해보세요.

GUIDE

감정 지능을 향상시키는 부모의 역할

아이의 감정 지능은 경험에 따라
발전하고 강화될 수 있습니다.
따라서 아이가 감정을 이해하고 조절하는 데 필요한
토대를 제공하는 부모의 역할이 매우 중요합니다.
아이의 감정 지능을 키우는 방법을 소개합니다.

- **감정을 인식하고 표현하는 훈련하기**
  아이가 자신의 감정을 제대로 인식하는 것이 무엇보다 중요합니다. 아이가 자신의 감정을 인식했다면 언어로 명확하게 표현할 수 있게 도와주세요. 부모가 평소에 감정을 어떻게 표현하는지 보여줌으로써 아이에게 모델링이 될 수 있습니다. 언어 표현 이외에 일기 쓰기, 그림 그리기 등 다양한 방법을 활용하는 것도 좋습니다.

- **다양한 감정을 이해하도록 이끌기**
  다른 사람의 감정을 이해하고 공감하는 능력을 키울 수 있도록 이끌어주세요. 영화, 드라마 등을 함께 보며 등장인물의 감정이나 행동에 대해 이야기 나누는 것도 도움이 됩니다.

- **감정 조절하는 방법 알려주기**

  감정을 조절하고 관리하는 방법을 알려주세요. 또 스트레스나 분노와 같은 폭발적인 감정에 대처하는 방법도 익히도록 도와주세요. 아이가 분노할 경우 숨을 깊게 들이마시고 1부터 10까지 세어보는 방법을 알려준 뒤 함께 연습하는 식입니다.

- **안정적인 환경 제공하기**

  아이가 감정을 표현하고 조절하는 데는 안정적이고 지지를 받는 환경이 무엇보다 중요합니다. 안정된 분위기를 조성하고 감정을 표현할 수 있는 아이만의 공간과 충분한 시간을 제공해주세요.

05

감정 지능이 높으면 성적도 좋다

"감정 지능을 키우면 성적에 도움이 될까요?"

감정을 다루는 능력은 IQ와 대비되기 때문에 성적과는 거리가 멀 거라고 생각하는 부모들이 많습니다. 하지만 감정 지능은 학업 능력에 영향을 미칩니다.

감정 지능은 연구마다 다양한 방법으로 측정하기 때문에 어떻게 측정하느냐에 따라 차이가 있을 수 있지만, 대체로 감정 지능이 높은 사람은 학업 능력도 높습니다.[5-4] 물론 지능지수가 학업 능력과 더 강하게 연관되는 경향이 있습니다.

감정 지능이 학업 능력과 관련이 있는 이유는 크게 세 가지로 설명할 수 있습니다. 첫 번째, 감정 지능이 높은 사람은 불안이나 지루함, 짜증 등 공부할 때 수반되는 부정적인 감정을 잘 다룰 수 있습니다. 이 자체는 실행 기능이나 지구력과 비슷하게 보이기도 합니다.

두 번째는 뒤에서 소개할 향사회적 행동과 관련이 있는데, 감정 지능이 높은 사람은 선생님과 친구, 가족과 좋은 관계를 형성할 가능성이 높습니다. 선생님과 친구의 감정 상태를 잘 이해함으로써 수업이나 다양한 활동에 원활하게 참여할 수 있습니다.

개인적으로 세 번째 이유가 가장 흥미롭습니다. 감정 지능이 높은 사람은 직접적인 관계가 없는 타인, 예를 들어 역사 수업에 등장하는 인물의 감정이나 동기를 이해할 수 있습니다. 그 결과 역사적 사건을 더 쉽게 이해합니다. 역사는 결국 인간에 관한 이야기이기 때문입니다.

조선의 제3대 왕인 태종 이방원이 왜 충신인 정몽주를 죽였는지, 영조는 어떤 마음으로 귀주에 갇힌 사도세자를 보고 있었는지를 쉽게 이해할 수 있다면 그 사건과 관련된 일련의 흐름을 단순히 암기할 필요가 없어집니다. 이러한 감정 지능은 역사뿐 아니라 언어 영역 지문에 등장하는 소설 속 인물을 이해할 때도, 미술작품에서 예술가들의 표현 방식을 이해할 때도 도움이 됩니다.

✦ 학교생활을 성공으로 이끄는 마음의 힘

학교생활의 중요한 한 축인 인간관계에 감정 지능이 대단히 큰 영향력을 미칠 거라는 점은 이미 잘 알 겁니다. 이번에는 십대가 단체생활 중 겪을 수 있는 가장 큰 어려움인 집단 괴롭힘과 관련된 연구를 소개하겠습니다. 해당 연구는 감정 지능 중에서도 다른 사람의 생각과 감정을 이해하고 공감하는 '타인 이해 능력'을 집중 연구한 자료에 더 가깝습니다.

연구에서는 집단 괴롭힘 사건에 연루된 사람들은 맡은 역할에 따라 여섯 가지 분류로 나눈 후 역할과 타인 이해 능력 간의 관계를 조사했습니다.[5-5] 여섯 가지 분류는 집단 괴롭힘에서 어떠한 역할을 맡았는지에 따라 나뉩니다. 집단 괴롭힘의 가해자, 가해자를 돕는 조력자(팔로워), 집단 괴롭힘의 피해자, 가해와 피해를 모두 겪는 사람, 피해자를 지키는 사람, 그리고 무관한 사람입니다.

연구 결과, 가해 성향이 있는 사람이나 조력자 성향이 높은 사람은 공감 능력이 낮은 것으로 밝혀졌습니다. 한편 피해자를 지키는 경향이 있는 사람은 전반적으로 타인에 대한 이해 능력이 높다고 보고되었습니다. 피해자 혹은 가해와 피해를 둘 다 경험한 사람, 집단 괴롭힘에서 무관한 사람은 특별히 타인 이해 능력과 연관성이 보이지 않았습니다.

이 연구 결과를 보면 학생들의 집단 괴롭힘 문제를 해결하기 위한 핵심은 가해자 측에 있는 것으로 보입니다. 다시 말해 가해자 혹은 집단 괴롭힘에 조력하는 아이의 타인 이해 능력을 키워야 집단 괴롭힘 같은 사건을 예방할 수 있는 것입니다.

감정 지능은 행복이나 정신 건강과도 관련이 있습니다. 감정 지능이 높은 사람은 자신의 감정 상태가 좋지 않을 때 적절한 수준에서 타인에게 의지하는 식으로 대처할 수 있기 때문입니다.

이 외에도 감정 지능은 리더십과 관계가 있다는 연구 결과가 있습니다. 학교생활에서도 리더십은 필요합니다. 동아리 회장이나 학생회장이라면 자신의 감정 상태뿐 아니라 소속되어 있는 다양한 학생들의 감정을 살피면서 조직을 이끌어야 하기 때문입니다.

이처럼 감정 지능은 학교생활의 다양한 영역과 관련이 있기 때문에, 일부 연구자들은 감정 지능을 높이는 데 학교생활 같은 단체 활동이 중요하다고 이야기합니다. 일부 연구에서 학생들을 대상으로 감정의 네 가지 영역에 대해 논의하고 적용하는 교육을 진행하자 감정 지능이 높아졌다는 결과가 나왔습니다. 학교생활은 복잡한 감정이 얽히는 장소이므로 아이와 함께 일과 속에서 어떤 감정을 느꼈는지, 그리고 그 감정을 어떻게 해결해야 하는지 방법에 대해 자주 이야기 나누는 것이 좋습니다. 한편 감정 지능은 실행 기능과 유사한 측면이 있기 때문에 실행 기능을 훈련하면 자신의 감정과 상호작용을 확대할 수 있습니다. 이 점을 꼭 기억하세요.

성공의 비밀

감정 지능은 성적과 관련이 있습니다. 감정 지능이 높은 아이는 공부할 때 드는 부정적인 감정을 잘 다루고, 사람들과의 사이에서 더 안정적으로 배울 수 있습니다. 또 책 속에 등장하는 등장인물들의 마음을 쉽게 이해해 보다 수월하게 학습할 수 있습니다. 감정 지능은 학교생활을 수월하게 만들어주기도 하지만, 학교생활을 통해 감정 지능을 기를 수도 있으므로 성적뿐 아니라 감정의 발전에도 신경 쓰면 좋습니다.

5장 핵심 노트

- 민감기는 어떠한 능력을 획득하기 위해 특별한 감수성이 발휘되는 시기를 말합니다. 십 대 시기는 사회성의 일부를 습득하기에 민감한 시기, 즉 '사회성의 민감기'로 여겨지고 있습니다.

- '사회적 뇌'는 다른 사람과 교류하고 그들을 이해하는 능력에 관여하는 뇌 영역의 네트워크로, 십 대에 급격히 발달하면서 큰 변화를 겪습니다.

- 감정 지능은 자신과 타인의 감정을 이해하고 구분하여 일상적 행동에 활용하는 힘을 가리킵니다. 감정을 이해할 뿐 아니라 그 감정을 행동으로 연결하는 개념입니다. 이를 통해 자신이나 타인과 관계를 맺을 수 있습니다.

- 감정 지능은 크게 네 가지 측면으로 구성됩니다. 감정 인지, 감정 이용, 감정 이해, 감정 관리입니다.

- 감정 지능은 지능지수만큼은 아니지만 학업 능력과 관련이 있습니다. 이 외에도 리더십, 행복, 건강과도 관련이 있으므로 학교생활을 성공적으로 이끄는 토대가 됩니다.

아이의 감정 지능을 향상시키려면 부모의 역할이 매우 중요합니다. 아이가 감정을 인식하고 스스로 표현해 보는 훈련을 하거나 영화, 드라마 등을 통해 다양한 감정을 이해하도록 이끌어야 합니다. 감정 조절하는 방법을 알려주는 것도 좋습니다.

6장

향사회성 행동, 공감하고 친절을 베푸는 능력

기분 좋은 인간관계의 시작은 친절함에서 나옵니다. 친절한 행동은 부모, 형제, 친구뿐 아니라 살아가면서 맺게 되는 모든 관계를 긍정적으로 이끄는 원동력으로 작용합니다. 이는 결국 사회생활과 인간관계를 성공적으로 이끄는 무기가 될 수 있습니다. 무엇보다 지금 친구와 연인 관계에서 고민하는 십 대에게 가장 필요한 덕목입니다. 친절한 행위를 심리학에서는 '향사회적 행동'이라고 합니다. 이번 장에서는 십 대의 인간관계를 좋은 방향으로 이끌어 줄 친절한 행동에 대해 살펴보겠습니다.

01

공감, 동정, 향사회적 행동

"부모님은 항상 '친구들에게 잘해줘라. 누구에게나 친절해라' 이렇게 잔소리를 하시는데, 그러면서도 모르는 사람은 조심하라고 해요. 어느 장단에 춤을 춰야 하는 건지…. 물론 '친구에게 잘해주고 있어요'라고 말은 하지만, 실은 '잘못하면 언젠가 따돌림을 당할 수도 있잖아'가 진짜 속마음이에요. 게다가 별로 친하지도 않으면서 만날 노트 필기를 보여달라고 하는 건 정말 곤란해요."

누구나 많든 적든 친절한 행위를 합니다. 가족을 돕거나, 친구가 도시락을 집에 놓고 왔다면 반찬을 나눠주거나, 낯선 사람이라도 길을 헤매고 있으면 가는 방법을 알려주는 식으로 말이지요. 이처럼 친절을 베푸는 행위를 심리학에서는 '향사회적 행동'이라고 합니다. 좀 더 엄밀하게 정의하자면, 향사회적 행동은 다른 사람을 이롭게 하려는 의도로 행하는 자발적인 행동입니다. 여기에서 핵심은 자신이 아니라 타인을 이롭게 한다는 것, 남이 부탁해서가 아니라 자발적으로 한다는 데 있습니다.

그런데 앞의 사례처럼 다른 사람들에게 친절한 행동을 베푸는 게 지치고 피곤하다는 십 대 아이들이 있습니다. 사례처럼 친구에게 친절하게 대하긴 하지만, 마음 같아서는 하고 싶지 않은 행동까지 해야 하는 상황이 종종 생기기 때문입니다. 실제로 십 대 아이들을 대상으로 한 조사에서 아래와 같은 고민이 꽤 많이 나왔습니다.

✦ 남의 마음을 너무 잘 알아 피곤한 아이들

"저는 다른 사람들의 마음을 너무 잘 알아서 피곤해요. 어떻게 하면 좋을까요?

이 이야기와 대조되는 내용인 '친구의 감정을 잘 이해할 수 없다'는 고민은 앞서 감정 지능에서 다뤘습니다. 그런데 친구의 감정을 이해할 수 없다는 고민만큼 친구의 감정이 너무 잘 이해돼서 힘들다는 고민도 많이 나와 매우 흥미롭습니다.

이 두 고민은 같은 문제를 두고 양극단에서 느끼는 어려움처럼 보이지만, 실은 다른 문제입니다. 친구의 감정을 이해하지 못하면 몸짓이나 표정을 통해 친구의 감정을 추측해야 하는데 그것도 쉽지 않습니다. 친구가 웃고 있어서 기뻐한다고 추측했는데, 사실은 어이없어서 웃은 거였다면 부정적인 의미였다는 것을 몰라 오해받는 일이 생깁니다.

추측이 필요한 영역이라, 이러한 접근은 머리를 잘 써서 상대방의 감정을 잘 생각하고 이해해야 하는 과정입니다. 다시 말해 타인을 자신과 분리하고, 자신과 다른 존재인 타인의 입장에서 생각하고 이해하려는 행위입니다.

반면 다른 사람의 감정을 너무 잘 아는 것은 추측이 아닙니다. 이런 경우 슬퍼 보이는 사람을 보면 자신도 슬퍼지고, 기뻐하는 사람을 보면 자신도 덩달아 기뻐집니다. 이해가 아니라 마음이 움직여 다른 사람과 동일한 경험을 한다는 뜻입니다.

이렇게 다른 사람과 같은 감정을 느끼는 것을 심리학에서는 '공감'이라고 부릅니다. 여기에서는 전자의 추측과 달리 자신과 타인의 구분이 없습니다. 머리로 생각하고 추측하는 게 아니라 거의 자동으로 상대방의 감정에 동화되기 때문입니다. 그래서 때로는 감정적으로 무척 힘들어집니다.

다른 사람의 감정을 이해하는 이 두 가지 방식은 뇌에서도 각각 다른 부위와 관련이 있습니다. 닮은 듯하면서도 어떻게 보면 전혀 다른 방식으로 타인의 마음을 이해하는 것이라고 할 수 있습니다.

✦ 공감, 동정 그리고 향사회적 행동의 관계

공감에 대해 길게 설명한 이유는 공감이 향사회적 행동의 원동력이기 때문입니다. 슬퍼 보이는 친구를 봤다고 가정해봅시다. 다른 친구와 문제가 있었는지 실연을 당했는지 시험 성적이 나빴는지 이유는 알 수 없습니다. 정말로 슬픈지 아닌지도 모릅니다. 하지만 친구가 슬퍼 보이면 자신도 슬퍼집니다. 이처럼 누군가에게 공감을 한 뒤에는 두 가지 행동을 할 수 있습니다. 향사회적 행동을 할 수도 있고 그렇지 않은 경우도 있습니다.

우선 깊이 공감하고도 향사회적 행동으로 이어지지 않는 경우를 알아보겠습니다.[6-1] 사실 너무 공감하게 되면 때론 이것 때문에 힘들어질 수 있습니다. 슬퍼 보이는 친구의 모습을 보면 깊이 공감되어 자신도 슬퍼집니다. 너무 깊이 공감한 나머지 타인을 도울 여력이 없을 때 향사회적 행동을 하기 어렵습니다.

반면 타인에게 공감하지만 자신의 감정을 통제할 수 있는 경우 향사회적 행동으로 이어질 가능성이 높습니다. 여기에서 말하는 감정의 조절에는 앞에서 소개한 실행 기능이 중요한 역할을 합니다.

나도 슬프지만 실행 기능을 통해 지금 느끼고 있는 감정을 잘 조절하면 친구가 참 안됐다는 감정이 생깁니다. 우리가 흔히 '동정'이라고 부르는 감정입니다. 공감과 동정은 비슷하지만, 공감은 자신이 친구와 동일하게 감정을 느끼는 것이고, 동정은 타인을 향한 감정이라는 데 차이가 있습니다.

이러한 동정심은 다른 사람의 고통을 덜어주기 위해 뭔가 할 수 있는 일이 없는지 스스로 질문함으로써 향사회적 행동을 이끕니다.

성공의 비밀

십 대 시기는 머릿속이 친구에 대한 고민으로 꽉 차 있습니다. 친구의 마음을 너무 잘 알아 힘들어하는 아이들도 있다는 사실을 염두에 두세요. 아이가 사회적 민감도가 높아 친구에게 쉽게 공감하는 편이라면 한 발짝 떨어져서 머리로 이해하는 습관을 갖출 수 있도록 도와주세요.

02

친절함의 경제적 효용

초등학생 때까지는 가족과 친지, 학교나 학원 선생님, 친구 정도가 인간관계의 범위였다가 중학교에 들어가면서부터 사회적 관계가 크게 확장됩니다. 가족과 친척을 기본으로 하던 관계에서 친구와 선후배, 지인 등으로 관계망이 크게 확대됩니다.

게다가 이 시기 전후로 많은 아이가 컴퓨터와 스마트폰 세계에 본격적으로 빠져듭니다. 온라인 속 네트워크도 빠른 속도로 넓어집니다. 이로 인해 국내뿐 아니라 외국에 있는 사람들과도 연결될 수 있습니다. 완전히 낯선 세계의 사람들과 다양한 만남이 이루어지기 때문에 부모들은 아이가 돈이나 약물, 성적 문제와 연관되지 않을까 우려합니다. 하지만 새로운 세상에 관심이 많은 십 대들은 아랑곳하지 않고 관계의 범위를 확장하는 데 몰두합니다.

즉 십 대가 되면 인간관계의 중심이 가족에서 친구와 낯선 사람으로 옮겨갑니다. 그리고 혈연이 아닌 타인과의 관계에서는 친절하게 대하는 것이 무척 중요해집니다.

✦ 친구들에게 친절하게 대하는 이유

십 대 아이들이 친구들에게 친절하게 대하는 이유는 오랜 시간을 함께하는 타인이기 때문입니다. 친구가 필통을 깜빡하고 집에 두고 등교했다면 아이는 여분의 연필이나 지우개를 친구에게 선뜻 빌려줄 겁니다. 반대로 아이가 준비물 구입비를 깜빡하고 챙기지 못했다면 친구에게 빌려달라고 요청할 수도 있습니다.

이처럼 친절한 행동을 서로 주고받는 가운데 주목할 점은 친절을 베푸는 쪽이 일시적이지만 불이익을 당할 우려가 있다는 것입니다. 예를 들어 연필과 지우개를 빌려주었는데 친구가 지우개를 잃어버린다면 곤란해질 수 있습니다. 또 친구가 돈을 빌려주면 일시적으로라도 그 친구는 경제적인 불이익을 받는 셈입니다.

일시적으로 불이익을 받는데도 왜 친구에게 친절하게 대하는 걸까요? 그것은 '상부상조相扶相助' 개념으로 설명할 수 있습니다. 내가 어려울 때는 상대방이 친절하게 대해주고 도와줄 거라는 기대가 있기 때문에 다른 사람에게 친절하게 대하는 겁니다. 반대로 누군가에게 도움을 받으면 그 사람이 어려울 때 나 역시 선뜻 도움을 베풀 수 있습니다.

생명체 중 인간만 친구에게 친절을 베푸는 건 아닙니다. 어려울 때 서로 돕는다는 것은 모종의 보험처럼 생존에 유리하게 작용합니다. 십 대 아이들이 친구에게 친절하게 대하는 까닭은 생존과 직결된다고 느낄만큼 그들이 소중한 존재이기 때문입니다.

✦ 친절함은 성적도 끌어올린다

아이가 친절을 잘 베푼다면 힘든 일이 생겼을 때 상부상조하는 것을 뛰어넘어 아이에게 큰 이익이 될 수 있습니다. 당연한 말이지만 친절하게 행동하는 사람은 그렇지 않은 사람보다 인기가 많습니다. 사람들은 친절한 사람과 그렇지 않은 사람 중 누구와 친구가 되고 싶으냐고 물으면 대부분 친절한 사람을 선택합니다. 어려움에 처했을 때 도움의 손길을 선뜻 내밀어줄 것 같은 사람을 친구로 선택하는 것은 자연스러운 일입니다.

또 친절한 사람은 학업 능력이 향상되기 쉽다는 연구 결과도 있습니다.[6-2] 언뜻 생각해보면 친절한 행동과 학업 능력 사이에 아무런 관계가 없어 보이지만, 여기에는 두 가지 이유가 있습니다.

친절한 사람은 학교나 학원에서 선생님과 좋은 관계를 맺는 경향이 있습니다. 선생님은 좋은 관계를 형성한 학생을 한 번 더 살펴주고 꼼꼼하게 가르치려고 할 겁니다. 진심 어린 응원과 긍정적인 피드백도 보내지요. 선생님의 긍정적인 피드백은 학생의 학업 능력을 높이는 주요한 요인으로 알려져 있습니다.

다른 하나는 친절한 사람은 주변의 친구들로부터 모르는 것을 배우기 쉽습니다. 예를 들어 국어는 잘하지만 수학을 못하는 학생이 있다고 칩시다. 이 학생은 친절하기 때문에 다른 친구에게 국어 문제를 푸는 방법이나 공부하는 방법을 잘 가르쳐 줍니다. 이 아이의 경우 자신이 어려워하는 수학은 다른 친구로부터 배울 기회가 많을 겁니다. 결과적으로 학업 능력이 향상될 가능성이 높습니다.

덧붙이자면 친절하게 행동하는 사람은 건강합니다. 친절한 행동을 하면 기분이 좋아집니다. 이때 우리 몸에서 '엔도르핀'이라는 호르몬이 나오는데 이는 면역력 강화, 스트레스 해소, 진통 억제 등의 효과를 발휘하기 때문입니다.

성공의 비밀

친절함은 인간뿐 아니라 생명체가 생존을 위해 택하는 주효한 전략입니다. 아이들이 가족에게 보이지 않는 친절을(때로는 힘들어하면서까지) 친구들에게 베푸는 것은 본능적인 반응에 가깝다는 것을 이해해주세요. 나아가 친절함을 베풂으로써 받게 되는 이득을 생각해보면 아이에게 친절하라고 가르치는 것은 여전히 중요합니다.

03

돌아오지 않는 친절에 대응하는 법

친절한 행동을 하는 건 중요하지만, 다른 사람에게 친절하게 대해주고도 상처를 입는 경우가 많습니다. 베푼 친절이 돌아오지 않을 때입니다. 설문조사에 응한 아이들에게서 다음과 같은 고민을 들을 수 있었습니다.

"저는 친절하게 대해주었는데 상대방은 저에게 친절하게 하지 않아요. 정말 속상해요."

친구들에게 친절하게 대해줬는데 그 친절에 보답을 받지 못하는 경우입니다. 아이가 이런 고민으로 속상해하고 있다면 몇 가지로 나누어 접근해볼 수 있습니다.

첫 번째는 사실 친구는 아이의 친절한 행위에 답례를 했지만 아이가 알아차리지 못한 경우입니다. 일례로 아이가 점심으로 싸간 샌드위치의 절반을 친구에게 주었는데, 친구는 그 답례로 지우개를 빌려주었다면 아이는 자신이 베푼 친절에 상응하는 답례가 아니기 때문에 답례가 아예 없는 것으로 느낄 수 있습니다.

한편으로는 반대의 경우도 생각할 수 있습니다. 인간은 자신을 과대평가하거나 자신의 행위를 더 잘 기억하는 경향이 있습니다. 그래서 자신의 친절한 행위는 과대평가하고 친구가 베푼 행위는 과소평가할 수 있습니다. 아이가 그렇게 생각하고 있는 건 아닌지 잘 살펴봐야 합니다.

두 번째로 친구는 여러 번 받은 친절을 수시로 보답하는 게 아니라 한 번에 큰 친절로 돌려주려고 생각하고 있을 수 있습니다. 적립금 쌓듯 친구가 베푼 친절한 행동을 기억만 하고 있는 것이지요.

세 번째는 정말로 친절한 행위를 받기만 하고 보답하지 않는 경우입니다. 이럴 때는 어떻게 반응하면 좋을까요? 가장 좋은 것은 '눈에는 눈, 이에는 이' 전략입니다. 상대방이 친절하면 나도 친절하게 대하고, 상대방이 친절하지 않으면 나도 친절하게 대하지 않는다는 원칙을 세우는 겁니다.

✦ 모두에게 친절할 필요는 없다

이 방법은 매우 자연스러운 행동으로, 아이들의 발달 과정만 봐도 알 수 있습니다. 아이들은 1~2세가 되면 누구에게나 친절하게 행동하기 시작합니다. 아이들이 친절하게 행동하는 것은 그 자체로 즐겁기 때문입니다. 그래서 이 시기에는 아는 사람이든 아니든, 상대방이 친절하든 아니든 친절하게 행동합니다. 하지만 3~5세 정도가 되면 아이는 친절하게 대할 대상을 선택합니다. 모든 사람에게 친절하게 대하는 것은 매우 훌륭한 일이지만 친절한 행위로 인해 착취를 당할 수도 있기 때문입니다.

예를 들어 아이가 스티커를 많이 선물 받아 친구 A, B, C에게 나눠주었습니다. 스티커를 나눠주는 행위는 훌륭한 향사회적 행동입니다. 그 후 A는 답례로 아이에게 다른 스티커를 주었고, B는 종이접기를 해줬습니다. 하지만 C는 아무것도 해주지 않았습니다. 이후 아이가 또 스티커나 장난감을 받았을 때 A와 B에게 나눠 주는 것은 상부상조가 되지만, C에게 나눠 주는 것은 착취당하는 게 됩니다. 이런 상황에서는 3~5세 정도의 아이라도 C 친구에게 스티커를 나눠주지 않으려고 합니다. 이처럼 유아도 '눈에는 눈, 이에는 이'와 같은 전략을 선택합니다. 친절하게 대해주지 않는 상대에게는 그에 맞는 대응이 필요하다고 생각하는 겁니다.

성공의 비밀

친절한 행동은 일방적이지 않습니다. 내가 친절을 베풀면 받은 사람도 친절을 베풀어야 좋은 관계가 유지됩니다. 아이가 계속 친절만 베풀고 있는지, 혹은 친구의 친절을 받기만 하고 있는지 유심히 살펴보세요. 한쪽으로 치우친 향사회적 행동이 보인다면 '눈에는 눈, 이에는 이' 전략을 알려줄 필요가 있습니다.

04

친절한 행동에도 우선순위가 있다

"옆 반 아이가 수업 시간에 필기한 노트를 빌려달라고 해요. 저한테 이득 될 게 없어서 가능하면 거절하고 싶은데, 어떻게 해야 할까요?

이 고민의 핵심은 노트를 빌려달라는 상대가 '친구'가 아니라는 점입니다. 아는 사람, 즉 지인입니다. 친구라고 할 만큼 가깝지는 않고 모르는 사람이라고 하기에는 멀지 않은 관계입니다.

그렇다면 지인과 전혀 모르는 타인 중 우리는 누구에게 더 친절한 행동을 할까요? 십 대 아이들을 대상으로 한 연구를 살펴보겠습니다.

이 연구에서는 조사 대상인 아이가 친구, 친구가 아닌 아는 사람(지인), 처음 만나는 사람에게 각각 스티커를 어떻게 나눠 주는지 조사했습니다.[6-3] 더 구체적으로 아이가 각각 두 장의 스티커를 나눌 때, 자신이 스티커를 두 장 다 갖고 상대는 못 받는 경우와 자신과 상대가 한 장씩 스티커를 나누어 갖는 경우 중 무엇을 선택하는지 살펴보았습니다. 당연히 후자가 향사회적인 선택입니다.

얼핏 생각하면 아이는 친구에게 가장 향사회적인 선택을 하고, 그다음이 지인, 마지막이 처음 만나는 사람일 것 같습니다. 그런데 실험 결과, 아이는 친구와 처음 보는 사람에게는 향사회적인 선택을 하고, 지인에게는 향사회적인 선택을 하지 않는 것으로 나타났습니다.

친구에게 친절한 것은 당연한 행동 같지만 왜 지인보다 처음 보는 사람에게 친절한 행위를 할까요? 이는 미래의 관계를 고려했기 때문입니다. 친구는 앞으로도 관계를 이어갈 가능성이 크기 때문에 당연히 친절하게 대합니다. 반면 지인은 지금까지 교류할 기회가 있었음에도 불구하고 친구가 되지 않았습니다. 어떠한 계기가 생기면 친구가 될 수도 있겠지만, 지금까지처럼 앞으로도 친구가 될 가능성은 작다고 판단한 겁니다. 반면 처음 만나는 사람은 앞으로 친구가 될 수도 있고 그렇지 않을 수도 있습니다. 그러므로 초면에는 먼저 친절하게 대함으로써 미래에 가까운 사이가 되기 위한 길을 닦는 겁니다. 다시 말해 모르는 사람에게는 먼저 친절하게 대하고 그 사람이 어떻게 반응하는지 살펴보면서 상대방과의 관계를 만들어갑니다. 성인을 대상으로 한 연구에서도 이와 같은 방식을 택하는 것으로 알려졌습니다.

이런 이유로 지인은 모르는 사람보다 우선순위가 낮습니다. 따라서 아이가 친하지 않은 옆 반 아이의 부탁을 거절하고 나서 불편해한다면, 마음이 가지 않을 때 친절을 베풀고 싶지 않은 것은 당연한 감정이라고 이야기해주는 게 좋습니다.

성공의 비밀

아이가 학급 내 모든 친구에게 친절을 베풀어야 하는 것은 아닙니다. 아이가 부탁을 거절하고 불편해한다면, 모두에게 꼭 친절해야 하는 건 아니라고 이야기해주세요. 한편 아이가 모르는 사람에게도 친절을 베푼다고 걱정하지 마세요. 미래의 인생을 풍성하게 만들어줄 또 다른 인간관계의 발판을 다지고 있는 중입니다.

05

친절은 돌고 돌아 친절을 부른다

제가 사는 교토에는 일본 전역과 전 세계에서 관광객들이 몰려듭니다. 말을 걸기 편한 인상이 아닌 저에게도 가끔 관광객이 길을 묻곤 합니다. 아마 길을 물은 상대와 저는 두 번 다시 만날 일은 없을 겁니다. 하지만 가능하면 정확하고 알기 쉽게 길을 알려주려고 노력합니다. 이 정도의 친절은 누구나 베풀 수 있습니다.

이 외에도 사람들은 대중교통에서 자리를 양보하거나 불우이웃을 위한 모금에 참여합니다. 여기에서 핵심은 친구에게 베푸는 친절과 달리 내가 친절을 베푼 상대가 나에게 답례를 하지 못할 가능성이 크다는 겁니다. 다시 만날 일이 없고 보답도 없을 게 뻔한데 사람들은 왜 낯선 사람에게 친절을 베풀까요?

행동 심리학자들의 연구 결과, 사람들이 이러한 행동을 하는 데는 몇 가지 가능성이 있습니다. 앞서 말했듯이 친절을 베풀면 기분이 좋아지기 때문일 수도 있고, 상대방을 동정하기 때문일 수도 있습니다. 그중에서 유력한 이유 하나는 간접적인 답례가 있다는 것입니다.

내가 친구에게 친절하게 대했을 때 그 친구가 다시 내게 친절하게 대하는 것을 '직접적인 답례'라고 한다면, '간접적인 답례'는 내가 어떤 사람에게 한 친절한 행위가 그 사람에게서 나에게 직접 돌아오지는 않지만, 돌고 돌아 다른 곳으로부터 친절을 돌려받는 것을 의미합니다.

제가 길을 알려 준 관광객이 저에게 직접적인 답례를 하지 않지만, 그 사람의 SNS에 '교토는 멋진 곳'이라는 글이 올라올 수 있습니다. 그러면 교토에 관광객이 증가하고 이는 세수가 빠듯한 교토시에 도움이 되어 저에게 간접적인 혜택으로 돌아올 수도 있습니다. 물론 그런 것까지 생각해서 길을 알려주는 것은 아닙니다.

사람들은 아무도 보지 않을 때보다 보는 눈이 있을 때 친절하게 행동할 가능성이 큽니다. 편의점의 기부 상자가 점원의 눈앞에 놓여 있는 이유입니다.

게다가 평소에 친절을 베푸는 행동은 그 사람의 평판을 높여줄 수 있습니다. 누군가가 어떤 사람의 친절한 행동을 보면 그 사람의 평판이 좋아집니다. 평판이 좋은 사람은 다른 사람으로부터 친절한 행동을 더 쉽게 받습니다.

인간에게 평판은 매우 중요합니다. 평판이 나쁜 사람은 고립되기 쉽고 남의 친절을 받을 가능성이 적습니다. 특히 학교처럼 폐쇄적인 사회에서는 아이가 평판에 신경을 쓸 수밖에 없습니다. 평판은 올리기는 쉽지 않지만 망가지기 쉽다는 특징이 있습니다. 특히 나쁜 소문은 삽시간에 퍼져 평판을 떨어뜨립니다.

성공의 비밀

당장 나에게 돌아오지 않는 친절을 왜 베풀어야 하는지 아이가 이해하지 못할 수 있습니다. 하지만 언제 어떻게 아이에게 돌아올지 모른다고 가르쳐주세요. '친절해서 성공했다'는 사람들은 많이 봤어도 '불친절해서 성공했다'는 이야기는 들어본 적 없을 겁니다.

06

일시적으로 불친절해도 괜찮은 까닭

"중학생이 되면서부터 생각이 너무 많아져서 그런지, 어렸을 때처럼 자연스럽게 친절한 행동이 나오지 않아요. 왜 그럴까요?"

어렸을 때는 누구에게나 친절해서 사랑을 듬뿍 받던 아이가 십 대가 되면서 왜 점점 불친절해지는지 의아해하는 부모들이 많습니다. 십 대의 향사회적 행동 발달에는 어떤 특징이 있어서 그러는 걸까요?

인간은 유아기 무렵부터 향사회적 행동을 하기 시작하고, 초등학생이 되면 친절한 행동을 하는 횟수가 늘어납니다. 가족 외에도 선생님, 학급 친구들과 함께하는 시간이 길어지면서 친절한 행위를 하는 횟수가 늘어나는 현상은 그리 놀라운 일이 아닙니다.

친구에게 친절하게 대하는 행동은 유아기에도 보이지만, 자신의 평판에 신경 쓰는 행동은 초등학교에 들어가면서부터 두드러집니다. 대체로 초등학교에 입학한 후부터 다른 사람의 시선을 의식하면서 평판이 좋아지거나 떨어진다는 이유로 향사회적 행동을 하거나 반사회적인 행동을 하지 않기 시작합니다.

그런데 십 대가 되면 향사회적 행동을 하는 횟수가 일시적으로 줄어듭니다.[6-4] 이는 우리나라뿐 아니라 여러 나라에서 공통적으로 나타나는 현상입니다. 실행 기능을 설명할 때도 언급했듯이 십 대는 뇌가 재편성되는 시기입니다. 이 시기의 아이들은 본심은 그렇지 않은데 일부러 불량한 척을 하기도 합니다. 또 사회 규칙을 답답하게 느끼면서 향사회적 행동을 줄이는 측면도 있습니다.

✦ 가족한테 툭툭대는 이유

그중에서도 가족, 친구, 낯선 사람에 대한 향사회적 행동이 십 대 때 어떻게 변화하는지 살펴본 연구가 있습니다. 이 연구에 따르면 초등학교 고학년에서 중학생 초반까지는 향사회적 행동이 전반적으로 감소했습니다. 이 시기 아이들은 큰 변화를 느낍니다. 비교적 자유로웠던 초등학교 저학년과 달리 점차 교복이나 교칙 등의 규칙에 얽매이게 되면서 당황스러워합니다. 또 사춘기에 접어들면서 심신이 급격히 변하는 시기이기도 합니다. 그러다가 중학생 후반으로 가면 중학교 생활에 적응하면서 향사회적 행동이 다시 증가합니다.

대상별로 살펴보면 가족에 대한 향사회적 행동은 감소하고 친구나 낯선 사람에 대한 향사회적 행동은 증가합니다. 가족에 대한 향사회적 행동은 초등학교 고학년 무렵부터 감소해 중학교 3학년이 될 때까지 지속적으로 감소합니다. 부모로서는 상당히 외롭고 허전하겠지만, 이 시기 아이는 가족으로부터 거리를 두려고 합니다. 그래서 가족의 잔소리가 많아지면 갈등이 잦아집니다. 이렇다 보니 십 대 자녀를 둔 부모의 경우 아이가 불친절해졌다고 느끼는 게 당연합니다.

반면 친구와 낯선 사람에 대해서는 중학교에 입학하면 일시적으로 향사회적 행동이 줄어들지만 이후 다시 늘어나면서 중학교 3학년까지 증가세를 보입니다. 결국 향사회적 행동으로 봐도 십 대에게 친구는 가족보다 중요한 존재입니다. 또 낯선 사람과의 만남이 증가하는 이 시기에는 자연스럽게 낯선 사람에게도 친절하게 대합니다.

성공의 비밀

친절했던 아이가 어느새 불친절하게 대해도 우려하지 마세요. 몸과 마음의 변화, 정체성의 혼란을 겪고 있는 청소년기에 나타나는 자연스러운 현상입니다. 부모와 거리를 둔다고 서운해하지도 마세요. 시간이 지나 마음의 안정을 되찾으면 아이 스스로 마음에서 우러나는 친절한 행동을 할 겁니다.

07

쌓인 애착이 친절한 아이를 만든다

향사회적 행동을 하면 사회적으로 여러 이득이 있습니다. 그럼에도 불구하고 주위를 둘러보면 친절한 사람도 있고 그렇지 않은 사람도 있습니다. 이런 개인차는 왜 발생할까요?

우선 인간의 향사회적 행동에 영향을 미치는 중요한 변수는 가정환경입니다. 아이와 주양육자와의 정서적 유대 관계, 즉 '애착'이 유년기부터 제대로 형성된 아이는 향사회적 행동을 잘합니다. 반대로 애착 관계가 제대로 형성되지 않은 아이는 향사회적 행동을 하지 않는 경향이 높습니다.

많이 알려진 바와 같이 아이의 애착 대상이 반드시 부모일 필요는 없습니다. 조부모도 좋고 친척도 상관없습니다. 아이를 가장 오랜 시간 적극적으로 돌보는 주양육자와 애착 관계를 잘 형성하면 됩니다.

대부분 양육자는 아이에게 첫 번째 타인입니다. 즉 타인의 모델이지요. 아이는 양육자와 관계 맺은 방식을 기초로 그 밖의 타인과 관계를 맺게 됩니다.

양육자가 아이에게 늘 상냥하게 대하면 아이는 양육자와 애착이 단단하게 형성됩니다. 이런 아이는 기본적으로 타인을 자신에게 친절한 존재로 생각해 자신도 그들에게 친절하게 대합니다. 반대로 양육자가 아이에게 상냥하게 대하지 않아 아이와 양육자 간에 애착이 잘 형성되지 않으면 아이는 타인에게 친절하게 대하는 것을 어려워합니다.

한편 애착 관계 외에도 아이는 자신이 속한 사회에서 사람들이 관계 맺는 모습을 보며 향사회적 행동을 배우기도 합니다. 양육자가 타인에게 친절하게 대하고, 그 결과 타인이 양육자에게 고마움을 표현하는 모습을 보면 아이도 타인에게 친절하게 행동합니다. 형제자매의 행동은 아이에게 좀 더 강한 영향력을 미칩니다. 친구나 선생님과의 관계도 중요합니다. 친절한 사람은 친구들에게 인기가 많습니다. 그 결과 친절한 사람들은 서로를 친구로 선택합니다.

이처럼 친절은 연쇄작용을 일으켜 친절한 사람은 더욱 친절해집니다. 반면 친절하지 않은 사람은 친절하지 않은 사람끼리 어울리다 보니 친절한 행위가 좀처럼 늘지 않습니다.

나이가 어린 경우 신뢰할 수 있는 선생님을 만나는 것도 매우 중요합니다. 특히 가정 환경상 향사회적 행동을 배우지 못한 아이가 신뢰할 만한 선생님을 만나 좋은 관계를 맺으면서 향사회적 행동을 할 수 있게 되었다는 보고가 있습니다.[6-5] 가정에서 양육자와의 애착이 형성되지 않고, 주변에 신뢰할 만한 어른이 없어 친절한 행동을 배우지 못한 아이에게는 사회에서 관계 맺는 선량한 어른을 만나는 일이 무엇보다 중요합니다.

✦ 친절한 아이로 성장시키는 법

아이를 어떻게 하면 친절한 사람으로 교육시킬 수 있을까요? 향사회적 행동은 보고 배우면 발달할 수 있는 실행 기능과 관련이 있기 때문에 실행 기능을 훈련하면 좋습니다.

향사회적 행동 분야를 오랜 세월 연구한 사쿠라이 시게오는 저서《배려의 힘思いやりの力, (신요샤)》에서 향사회적 행동의 기본이 되는 것은 공감 능력이라며, 공감 능력을 키우는 방법을 소개했습니다.

- **사랑하는 사람 또는 신뢰하는 사람을 만든다.**
- **행복감, 자기긍정감, 유능감을 느낀다.**
- **스스로에게 친절하게 대한다.**

제가 연구한 결과 역시 이와 비슷합니다. 향사회적 행동과 공감 능력은 안정된 부모-자녀 관계나, 신뢰할 만한 타인과 관계를 맺음으로써 발달시킬 수 있습니다. 아이가 가족과 친구, 연인, 선생님, 멘토 등과 좋은 관계를 맺도록 도와주세요.

하지만 타인과 관계 맺는 것 자체를 어려워하는 아이도 있습니다. 그럴 경우 아이가 스스로를 칭찬하고 자신에게 친절히 대하도록 이끌어주세요. 자신에게 충분히 친절을 베풀다 보면 자신감과 여유가 생겨 다른 사람에게도 친절한 행동을 할 수 있습니다. 이런 의미에서 자기효능감과 향사회적 행동은 서로 관련이 있습니다. 이 외에도 타인의 감정과 관점에서 사물을 보는 것도 중요합니다.

성공의 비밀

향사회적 행동을 키우려면 다른 사람에게 감사하는 마음이 들어야 합니다. 감사한 마음이 충분히 쌓여 이제 보답할 차례라고 생각이 들면 아이는 친절하게 행동할 수 있습니다. 한편 아이의 좋은 모델이 될 만한 사람을 찾아서 그 사람을 모방하게 하는 방법도 효과적입니다. 가족도 좋고 친구도 좋고 유튜버도 괜찮습니다. 친절한 행동을 따라 하도록 옆에서 도와주세요.

6장 핵심 노트

- 향사회적 행동은 다른 사람을 이롭게 하려는 의도에 따른 자발적 행동입니다. 핵심은 자신이 아니라 타인을 이롭게 하고, 남이 부탁해서가 아니라 자발적으로 한다는 데 있습니다.

- 다른 사람과 같은 감정을 느끼는 것을 '공감'이라고 부릅니다. 자신과 타인의 구분 없이 거의 자동으로 상대방의 감정에 동화됩니다.

- 친구에게 친절하게 대하는 이유는 상부상조 때문입니다. 내가 어려울 때는 상대방이 친절하게 대해주고 도와줄 거라는 기대가 있기 때문에 다른 사람에게 친절하게 대하는 것입니다.

- 친절한 행동의 의외의 이점은 학업 능력의 향상입니다. 친절한 사람은 선생님이나 친구와 좋은 관계를 맺는 경향이 있어 배울 기회가 더 많고 꼼꼼한 지도를 받을 수 있습니다. 이는 학업 능력을 높이는 요인으로 작용합니다.

- 처음 만나는 사람에게 친절하게 대하는 것은 먼저 친절하게 대함으로써 미래에 가까운 사이가 되기 위한 길을 닦는 겁니다.

십 대는 뇌가 재편성되는 시기이고, 일부러 불량한 척을 하기도 합니다. 또 주변을 둘러싼 사회 규칙을 답답하게 느끼면서 향사회적 행동이 줄어드는 측면이 있습니다.

주양육자와 아이의 정서적 유대 관계 즉, '애착'이 잘 형성된 아이는 향사회적 행동을 잘합니다. 가정 환경상 향사회적 행동을 배우지 못한 아이는 사회에서 좋은 어른, 즉 롤모델을 만나면 달라질 수 있습니다.

향사회적 행동은 다른 사람에게 감사하는 마음을 가지고, 좋은 모델을 모방하면서 발달시킬 수 있습니다.

7장

십 대를 위한 또 다른 비인지 능력

비인지 능력이 행복과 성공을 100% 보장하지는 않습니다. 다만 비인지 능력을 높임으로써 세상을 풍요롭게 살아가는 발판을 마련할 수 있습니다. 이번 장에서는 앞에서 다룬 십 대에게 필요한 비인지 능력뿐 아니라 그 외에 길러야 하는 중요한 능력을 소개합니다. 금융 리터러시, 성에 관한 지식, AI 등 정보기술을 능숙하게 다루는 능력입니다. 이 능력들은 어떤 거대한 힘을 지니고 있을까요?

01

비인지 능력은 결국 하나로 통한다

지금까지 이야기한 비인지 능력은 지능지수로 대표되는 인지 능력 외에 학교나 사회생활을 할 때 중요하게 여겨지는 능력입니다. 이 능력을 청소년 시기에 확실히 발달시키면 미래에 흔들리지 않는 성공적인 삶을 살 수 있습니다.

저는 지금껏 비인지 능력 중 성공으로 이끄는 가장 중요한 세 가지 능력을 소개했습니다. 첫 번째는 '목표를 달성하는 능력'입니다. 이 능력은 유혹과 어려움이 찾아왔을 때 이에 굴하지 않고 목표를 달성하는 데 필요합니다. 이를 위해 길러야 하는 능력은 실행 기능(자제심)과 지구력입니다. 이 두 가지 능력은 비슷한 부분도 있지만 목표 수준, 즉 장기적인 목표인지 일상적 목표인지에 차이가 있습니다.

두 번째는 '자신과 마주하는 능력'입니다. 자신의 능력을 믿고 자신을 좋아할 수 있는 능력으로, 이 능력을 발달시키려면 자기효능감과 자존감을 키워야 합니다. 자기효능감은 어떤 과제에 대해 자신감을 가지거나 확신하는 것이고, 자존감은 자기 자신을 좋아하는지, 자신을 가치 있는 사람이라고 생각하는지에 대한 마음입니다.

세 번째는 '다른 사람과 소통하는 능력'입니다. 다른 사람과 좋은 관계를 맺는 건 쉽지 않지만, 그들과 어느 정도 어울리는 것은 중요한 일입니다. 그러기 위해서는 감정 지능과 향사회적 행동이 필요합니다. 이 세 가지 능력은 십 대 아이들이 직면하는 심리적 문제를 해결하는 데 매우 중요한 역할을 합니다.

십 대에 마주하게 되는 큰 문제 중 하나는 '충동성'입니다. 십 대 아이들은 어떤 일이 발생했을 때 차분히 해결책을 생각하기보다 무작정 달려드는 모습을 보입니다. 또 자신에게 쉽고 단기적이며 매력적으로 보이는 선택지를 고르는 경향이 있습니다. 목표를 달성하는 능력을 키우면 이러한 행동에 대처할 수 있습니다.

두 번째는 '자신에 대해 고민하는 것'입니다. 자기 자신이 싫고, 자신이 없을 때 자기 자신을 직면하는 능력인 자기효능감과 자존감을 키우면 자신에 대한 생각을 긍정적으로 바꿀 수 있습니다.

세 번째 문제는 '다른 사람의 신호에 과도하게 반응한다'는 겁니다. 십 대들은 친구들이 하는 말이나 연인의 행동 등 다른 사람이 보이는 다양한 신호에 민감하게 반응하는 경향이 있습니다. 다른 사람의 감정을 오해하거나 반대로 다른 사람의 감정을 너무 많이 이해해서 자신이 힘들어지는 상황도 발생합니다. 이 문제는 타인과 소통하는 능력이 중요한 역할을 합니다.

✦ 비인지 능력은 모두 연결되어 있다

지금까지 비인지 능력에 해당하는 능력들을 쪼개어 설명했기 때문에 서로 다른 능력이라는 인상을 받을 수 있습니다. 하지만 이 능력들은 모두 자신과 관련된 능력이거나 자신과 타인의 관계와 관련된 능력입니다. 실행 기능과 지구력은 목표를 달성하기 위해 자신을 통제하는 힘입니다. 자기효능감은 스스로 자신감을 느끼거나 자신을 긍정적으로 평가하는 측면을 포함합니다. 또 감정 지능은 자신과 타인의 감정을 파악해 행동에 활용하는 능력입니다. 마지막으로 향사회적 행동은 타인의 마음에 공감하고 친절하게 행동하는 능력으로 자신보다 타인을 우선시하는 태도입니다. 이 능력들이 서로 관계가 없다고 생각하는 게 오히려 부자연스럽겠죠?

특히 실행 기능은 이 책에서 언급한 많은 비인지 능력과 관련이 있습니다. 많은 연구에서 목표를 달성하는 데 필요한 지구력과 향사회적 행동이 관련 있다고 보고되었습니다. 감정 지능을 개발할 때도 실행 기능을 훈련하면 도움이 됩니다. 또한 감정 지능과 향사회적 행동도 서로 관련이 있습니다.

즉 비인지 능력을 크게 세 가지로 구분했을 때 개별 능력들은 서로 밀접한 연관이 있으며, 그중 실행 기능은 비인지 능력 전반에서 매우 중요한 역할을 합니다.

✦ 또 다른 비인지 능력, 퍼스낼리티

"책에서 소개한 비인지 능력 외에 다른 비인지 능력도 있나요?"

지금껏 다룬 능력 외에도 비인지 능력에 속하는 능력은 다양합니다. 그중 '퍼스낼리티Personality'가 대표적입니다. '성격'을 뜻하는 퍼스낼리티는 심리학에서 가장 많이 연구되는 분야 중 하나입니다. 심리학을 기반으로 한 퍼스낼리티 검사에서는 성실성, 외향성 등 여러 측면에서 성격을 평가합니다.

많은 연구에서 퍼스낼리티 역시 학업 능력, 미래의 직업과 관련이 있다고 보고되었습니다. 책에서 언급한 지구력은 성실함과 밀접한 관련이 있고, 자기효능감도 퍼스낼리티와 무관하지 않습니다.

하지만 제가 이 책에서 퍼스낼리티를 적극적으로 다루지 않은 이유는 퍼스낼리티를 '능력'이라고 부르는 것이 적합하지 않다고 생각했기 때문입니다. 능력이란 일을 감당해낼 수 있는 최대치의 힘을 말하며, 일반적으로 능력치가 높은 편이 바람직하다고 여깁니다. 그런데 퍼스낼리티는 평가 기준이 다릅니다. 예를 들어 외향성이 강하면 내향성이 약한데, 그것이 더 바람직한 것도 더 부족한 것도 아니기 때문입니다. 하지만 아이에게 좀 더 깊이 관심을 갖고 있는 부모라면 아이의 성격 검사 등을 통해 아이의 또 다른 비인지 능력을 측정해볼 수 있습니다.

성 공 의 비 밀

실행 기능만 뛰어나다고 성공할 수 있을까요? 지구력만으로 성공할 수 있을까요? 아닙니다. 실행 기능, 지구력, 자기효능감, 감정 기능 등 다양한 능력이 함께 발달해 시너지 효과를 낼 때 성공에 가까이 갈 수 있습니다. 그렇다고 재촉하진 마세요. 수많은 경험과 어려움을 겪고 스스로 깨달으면서 자신만의 비인지 능력을 키워야 그 능력을 마음껏 펼칠 수 있습니다.

02

아이를 더욱 탁월하게 만드는 3가지 힘

비인지 능력의 중요성에 대해 일관되게 이야기했지만, 비인지 능력만 아이에게 중요하다고 말하는 것은 아닙니다. 십 대 시기에 지능지수 같은 인지 능력이 중요한 것은 의심할 여지가 없습니다. 인지 능력에는 지능지수 외에도 창의력, 논리력, 계획력 등 여러 가지 중요한 능력이 있습니다. 이러한 인지 능력만큼이나 비인지 능력도 중요하다고 이해하면 됩니다.

비인지 능력 외에도 십 대 시기에 습득하면 반드시 도움이 될 세 가지 능력이 있습니다. 아직 연구가 충분히 진행되지 않았지만 분명 미래에 점점 더 강하게 요구될 능력들입니다. 하지만 여전히 공개적으로 배울 기회가 적어 그 능력을 갖춘 사람과 갖추지 못한 사람 사이에 격차가 발생할 가능성이 큽니다.

제가 십 대들에게 권하는 능력은 금융 리터러시, 성에 관한 지식, AI 등의 정보기술을 능숙하게 다루는 능력입니다.

최근 들어 수많은 나라에서 십 대를 위한 금융 교육을 학교 수업에 포함시켰습니다. 이로 인해 십 대 아이들이 어느 정도 금융 리터러시를 갖추게 되었습니다. '금융 리터러시'라는 용어는 여러 의미를 포함하는데, 여기에서는 자산 및 경제에 관련된 지식과 의사결정 능력을 가리킵니다.

우리 부모님과 조부모님 세대는 제대로 된 금융 교육을 받을 기회가 거의 없었습니다. 저 역시 제대로 된 금융 교육을 받지 못했습니다. 그래서 대부분의 사람들이 금융과 자산운용에 대해 전문가들이 엉뚱한 말을 해도 알아채지 못할 정도로 무지했습니다. 한편 사회문화적으로 자산운용의 위험을 감수하는 걸 두려워해서 대부분 저축을 선택해 위험을 회피했습니다. 혹은 반대로 퇴직금으로 받은 큰돈을 말도 안 되는 곳에 쏟아붓는 식으로 투자해 과도한 위험을 감수하기도 했습니다. 즉 극단적인 선택을 하곤 했습니다.

금융 리터러시는 아이가 성인이 되어 돈을 벌기 시작하면서 어떤 삶을 선택하느냐와 관련이 깊습니다. 그렇기 때문에 십 대 시기에 금융 리터러시를 배워 돈에 관련된 위험을 이해하고, 약간의 실패를 경험해보는 게 더 큰 위험을 막고 더 탄탄한 선택을 하는 데 도움이 될 수 있습니다. 다음은 아이의 금융 리터러시 학습에 도움이 될 만한 책들입니다.

- **《부자 아빠 가난한 아빠》**(로버트 기요사키, 민음인)
- **《18세 이전에 알아둬야 할 생애 첫 돈 공부》**(라이프 포트폴리오, 쌤앤파커스)
- **《공부머리보다 금융머리를 먼저 키워라》**(가와구치 유키코, 위즈덤하우스)

두 번째는 '성에 관한 지식'을 쌓는 것입니다. 여기에는 생물학적인 여성과 남성의 몸과 마음에 관한 지식, 성행위와 피임에 관한 지식, 성 소수자에 관한 지식 등 십 대가 관심을 많이 갖는 내용이 포함됩니다.

사실 성에 관한 지식은 잘못된 정보가 전달되기 쉽습니다. 동양의 성교육은 다른 서양 국가에 비해 현저히 뒤처져 있습니다. 제가 십 대였을 때와 비교해도 현재 성교육의 내용이 크게 발전하지 않았고 공개적으로 배울 기회도 별로 없습니다. 그러다 보니 아이들은 또래의 말이나 유튜브 같은 콘텐츠, AI가 발신하는 정보에 의존합니다. 하지만 이런 정보에는 많은 거짓과 오류가 포함되어 있습니다.

저의 경험을 돌이켜보면 중고등학교 친구들과 선배들로부터 터무니없이 잘못된 성교육을 받았습니다. 그 당시에는 성에 관한 지식도, 비판적으로 생각할 능력도 없어서 곧이곧대로 받아들였습니다. 당연히 무척 잘못된 지식을 갖게 되었고 성인이 되어서야 조금씩 바로잡기 시작했습니다. 하지만 성행위나 피임에 관한 잘못된 지식은 어린 나이에 원치 않는 임신 등으로 이어질 수 있습니다. 즉 미래의 인생에 심각한 영향을 미칠 수 있으므로 십 대 아이들이 올바른 지식을 배워야 한다고 생각합니다. 성교육에 좋은 책을 추천합니다.

- **《집에서 성교육 시작합니다》**(후쿠치 마미&무라세 유키히로, 이아소)
- **《성교육 상식사전》**(다카야나기 미치코, 길벗스쿨)
- **《동의》**(레이첼 브라이언, 아울북)

마지막으로는 '정보기술에 관한 지식'을 갖추어야 합니다. 스마트폰과 컴퓨터에 관한 지식뿐 아니라 프로그래밍 기술, AI 기술 등 정보기술이 앞으로도 계속 발전할 거라는 데 의심의 여지가 없습니다. 이러한 정보기술을 잘 활용할 수 있는 사람과 그렇지 않은 사람은 앞으로 점점 능력의 격차가 벌어질 겁니다. 지금도 일부 IT 기업의 급여 수준은 다른 업종에 비해 월등히 높은 편입니다.

앞에서도 언급했듯 컴퓨터에 관한 자기효능감에는 성별에 따른 차이가 있습니다. 컴퓨터나 정보기술이 다른 영역에 비해 특히 어렵다고 느끼는 사람도 있을 겁니다. 특히 요즘 아이들은 스마트폰으로 온라인을 접하기 때문에 부모 세대보다 오히려 컴퓨터 다루는 것을 어려워하는 아이들도 있다고 합니다. 하지만 미래 시대를 살아가려면 반드시 알아두어야 하는 지식입니다.

이 분야는 발전 속도가 대단히 빨라 책이 지식을 따라가지 못할 가능성이 큽니다. 따라서 유튜브 등 SNS나 온라인 사이트 등을 통해 지식을 배워나가도록 독려해야 합니다.

성공의 비밀

미래를 살아가기 위한 경쟁력을 갖추려면 금융 리터러시, 성에 관한 지식, AI 등 정보기술을 능숙하게 다루는 능력을 키워줘야 합니다. 그래야 미래에 흔들림 없이 우뚝 서는 인재로 거듭날 겁니다.

마치며

아이들의 눈부신 미래를 응원합니다

이 책은 제가 비인지 능력에 관해 쓴 세 번째 책입니다. 되도록 전문 용어를 줄이고 쉽게 읽힐 수 있도록 노력했습니다. 부모들과 십 대 아이들이 가장 궁금해하는 비인지 능력의 범위와 이를 성장시키는 방법을 다루고자 했습니다. 우리 아이들이 성공적인 삶을 살아가는 데 해답이 되기를 바라봅니다.

저의 십 대 시절을 돌아보면 이 책에서 다룬 능력 중 지구력은 어느 정도 있었지만, 감정 지능은 현저히 낮고 실행 기능과 향사회적 행동도 별로였던 것 같습니다. 그렇다 하더라도 사십 대 중반인 지금 나름대로 즐겁게 살고 있습니다.

사실 이 책에서 소개한 모든 비인지 능력을 전부 다 개발할 필요는 없습니다. 공부나 동아리 활동, 운동 등으로 매우 바쁜 십 대 아이들이 하루하루 열심히 사는 것만으로도 이 능력 중 일부는 자연스럽게 발달시킬 수 있습니다.

다만 아이가 학교생활을 하면서 고민이 있거나 힘들어할 때 이 책에서 소개한 능력들을 점검해보세요. 그중 도움이 될 거 같은 능력이 있다면 그 능력에 대해 아이와 함께 이야기 나눠 보세요. 그리고 필요하다면 그 능력을 키울 수 있도록 도와주세요. 이 책을 쓴 저자로서 그보다 기쁜 일은 없을 겁니다.

십 대는 인생에서 가장 인상적이고 다채로우며 다시는 돌아오지 않는 소중한 시기입니다. 아이가 이 시기를 충분히 즐기고, 한편으로는 깊이 고민하면서 자신을 형성해 나가기를 진심으로 바랍니다.

비인지 능력이라는 단어는 종종 과학과 유사하게 사용되어 비판적으로 보는 심리학자와 인지과학자가 많습니다. 그런데도 저는 굳이 '비인지 능력'이라는 용어를 사용했습니다. 독자들의 관심을 유도해 지능으로 설명되지 않는 비인지 능력에 대해 깊이 생각해보길 바라는 마음에서입니다. 그리고 그게 더 사회에 잘 받아들여질 것 같았기 때문입니다.

이 책을 쓸 때 많은 중고등학생을 대상으로 설문조사를 하여 그 답을 활용했습니다. 설문 결과를 그대로 사용하기에 적합하지 않은 내용도 있어 일부 가공해서 사용했습니다. 양해해 주신 분들에게 감사의 말씀을 전합니다.

이 책의 일부 내용은 관련 연구를 하는 선생님들의 소중한 의견을 바탕으로 수정되었습니다. 초안에 의견을 내주신 선생님들께도 감사의 말씀을 드립니다. 또한 이 책을 집필할 당시 중고등학생을 대상으로 설문조사를 해주신 지쿠마프라이머 신서 편집부의 가이 이즈미 선생님 덕분에 제가 생각했던 책을 쓸 수 있었습니다. 정말 감사드립니다.

마지막으로 제가 비인지 능력에 관여하게 된 계기는 아내의 연구였습니다. 또한 딸을 키우는 과정에서 저 자신의 비인지 능력을 다시 한 번 살펴볼 기회를 얻었습니다. 이런 기회를 준 가족에게 감사의 마음을 전합니다.

녹음이 눈부신 초여름 교토에서

모리구치 유스케

2장

2-1 森口佑介.(2019).《自分をコントロ__ルする力 非認知スキルの心理学》講談社.
(모리구치 유스케. (2019).《자신을 통제하는 힘-비인지 스킬의 심리학》고단샤.)

2-2 Diamond, A. (2013). Executive functions. Annual review of psychology, 64, 135-168.

2-3 Zelazo, P. D., Müller, U., Frye, D., Marcovitch, S., Argitis, G., Boseovski, J., & Carlson, S. M.(2003). The development of executive function in early childhood. Monographs of the society for research in child development, i-151.

2-4 Moffitt, T. E., Arseneault, L., Belsky, D., Dickson, N., Hancox, R. J., Harrington, H., & Caspi, A. (2011). A gradient of childhood self-control predicts health, wealth, and public safety. Proceedings of the national Academy of Sciences, 108(7), 2693-2698.

2-5 Ishihara, T., Sugasawa, S., Matsuda, Y., & Mizuno, M. (2018). Relationship between sports experience and executive function in 6-12-year-old children: Independence from physical fitness and moderation by gender. Developmental science, 21(3), e12555.

3장

3-1 竹橋洋毅, 樋口収, 尾崎由佳, 渡辺匠, 豊沢純子. (2019). 日本語版グリット尺度の作成および信頼性·妥当性の検討. 心理学研究, 89, 580-590.
(다케하시 히로키, 히구치 오사무, 오자키 유카, 와타나베 다쿠미, 도요사와 준코. (2019). 일본어판 그릿 척도의 작성 및 신뢰성·타당성 검토, 심리학 연구 89, 580-590.)

3-2 Credé, M., Tynan, M. C., & Harms, P. D. (2017). Much ado about grit: A meta-analytic synthesis of the grit literature. Journal of Personality and social Psychology, 113(3), 492.

3-3 Lam, K. K. L., & Zhou, M. (2019). Examining the relationship between grit and academic achievement within K-12 and higher education: A systematic review. Psychology in the Schools, 56(10), 1654-1686.

3-4 Lucca, K., Horton, R., & Sommerville, J. A. (2019). Keep trying!: Parental language predicts infants' persistence. Cognition, 193, 104025.

3-5 Yeager, D. S., Hanselman, P., Walton, G. M., Murray, J. S., Crosnoe, R., Muller, C., & Dweck, C. S. (2019). A national experiment reveals where a growth mindset improves achievement. Nature, 573(7774), 364-369.

4장

4-1 Bandura, A. (1997). Self-efficacy: The exercise of control. New York: Freeman

4-2 Huang, C. (2013). Gender differences in academic self-efficacy: A meta-analysis. European journal of psychology of education, 28, 1-35.

4-3 Talsma, K., Schüz, B., Schwarzer, R., & Norris, K. (2018). I believe, therefore I achieve(and vice versa): A meta-analytic cross-lagged panel analysis of self-efficacy and academic performance. Learning and Individual Differences, 61, 136-150.

4-4 河津慶太, 杉山佳生, 中須賀巧. (2012). スポ—ツチ—ムにおける集団効力感とチ—ムパフォ—マンスの関係の種目間検討. スポ—ツ心理学研究, 39(2), 153-167.
(가와즈 케이타, 스기야마 요시오, 나카스카 다쿠미. (2012). 스포츠

팀의 집단적 효력감과 팀 성과의 관계에 대한 종목 간 검토. 스포츠 심리학 연구, 39(2), 153-167.)

5장

5-1 Blakemore, S. J., & Mills, K. L. (2014). Is adolescence a sensitive period for sociocultural processing? Annual review of psychology, 65, 187-207.

5-2 Motta-Mena, N. V., & Scherf, K. S. (2017). Pubertal development shapes perception of complex facial expressions. Developmental science, 20(4), e12451.

5-3 Mayer, J. D. c Caruso, D. R., & Salovey, P. (2016). The ablility model of emotional intelligence: Principles and updates. Emotion review, 8(4), 290-300.

5-4 Mac Cann, C., Jiang, Y., Brown, L. E., Double, K. S., Bucich, M., & Minbashian, A. (2020). Emotional intelligence predicts academic performance: A meta-analysis. Psychologicalbulletin, 146(2), 150.

5-5 Imuta, K., Song, S., Henry, J. D., Ruffman, T., Peterson, C., & Slaughter, V. (2022). A meta-analytic review on the social-emotional intelligence correlates of the six bullying roles: Bullies, followers, victims, bully-victims, defenders, and outsiders. Psychological Bulletin, 148(3-4), 199.

6장

6-1 Eisenberg, N., Fabes, R. A., & Spinrad, T. L. (2006). Prosocial Development. In N. Eisenberg, W. Damon., & R. M. Lerner(Eds.), Handbook of child psychology: Social, emotional, and personality development(pp. 646-718). John Wiley & Sons, Inc..

6-2 Collie, R. J., Martin, A. J., Roberts, C. L., & Nassar, N. (2018). The roles of anxious and prosocial behavior in early academic performance: A population-based study examining unique and moderated effects. Learning and Individual Differences, 62, 141-152.

6-3 Kumaki, Y., Moriguchi, Y., & Myowa-Yamakoshi, M. (2018). Expectations about recipients' prosociality and mental time travel relate to resource allocation in preschoolers. Journal of experimental child psychology, 167, 278-294.

6-4 西村多久磨, 村上達也, & 櫻井茂男. (2018). 向社会性のバウンスバック 児童期中期から青年期前期を対象として｜｜·心理学研究, 89(4), 345-355.
(니시무라 다쿠마, 무라카미 다쓰야 & 사쿠라이 시게오. (2018). 향사회성 바운스 백-아동기 중기부터 청년기 전기를 대상으로 심리학 연구, 89(4), 345-355.)

6-5 Flynn, E., Ehrenreich, S. E., Beron, K. J., & Underwood, M. K. (2015). Prosocial behavior: Longterm trajectories and psychosocial outcomes. Social Development, 24, 462-482.

비인지 능력의 힘

초판 1쇄 발행 · 2024년 7월 5일

지은이 · 모리구치 유스케
옮긴이 · 오시연
발행인 · 이종원
발행처 · (주)도서출판 길벗
주소 · 서울시 마포구 월드컵로 10길 56(서교동)
대표 전화 · 02)332-0931 | **팩스** · 02)323-0586
출판사 등록일 · 1990년 12월 24일
홈페이지 · www.gilbut.co.kr | **이메일** · gilbut@gilbut.co.kr

기획 및 책임편집 · 황지영(jyhwang@gilbut.co.kr) | **편집** · 이미현
제작 · 이준호, 손일순, 이진혁 | **마케팅** · 이수미, 장봉석, 최소영 | **유통혁신** · 한준희
영업관리 · 김명자, 심선숙, 정경화 | **독자지원** · 윤정아

교정 · 장문정 | **디자인** · 어나더페이퍼 | **CTP 출력 및 인쇄, 제본** · 상지사피앤비

ISBN 979-11-407-0968-7 (03590)
(길벗 도서번호 050216)

정가 17,800원